U0314113

计算机科学与技术前沿研究丛书

- 湖北省教育厅重点科研项目"楚国历史文化数字化研究平台构建"（课题编号：D20113002）研究成果
- 湖北省教育厅人文社科研究重点项目"武当文化时空数字展示及其演变规律思考"（课题编号：2011jyte024）研究成果

基于Flash Gatalyst
的用户体验感交互设计开发研究

史创明　贾一丹◎著

华中科技大学出版社
http://www.hustp.com
中国·武汉

内 容 简 介

本书系"计算机科学技术前沿研究丛书"中的一本,主要研究 Adobe Flash Catalyst 对教育和文化信息化素材的处理。其中,通过该软件的应用,不编写任何代码,就能快速地将 Adobe Photoshop、Illustrator 和 Fireworks 图稿变换为具有表现力的交互式项目,并充分利用 Adobe 平台的范围和一致性,将它们转化成 UI 组件而不改变它们原先的"皮肤"、外观和整体风格。提高设计的效率和质量是本书的重点研究内容,包括:如何通过该软件给开发人员和设计人员提供了一种交流协作的平台;如何将 Flash Catalyst 将静态页面元素转化成包含鼠标-触摸翻动和平滑变化的互动网站;如何编辑并创建页面或组件动画效果,例如淡入淡出的过渡效果,切换设计页面、组建的不同状态,提高交互性;如何使用 Flash Catalyst 快速创建带导航和播放控制的视频组合列表并在网络上发布等内容。

图书在版编目(CIP)数据

基于 Flash Gatalyst 的用户体验感交互设计开发研究/史创明,贾一丹著. —武汉:华中科技大学出版社,2017.12

(计算机科学与技术前沿研究丛书)

ISBN 978-7-5680-3585-9

Ⅰ.①基… Ⅱ.①史… ②贾… Ⅲ.①人机界面-程序设计 Ⅳ.①TP311.1

中国版本图书馆 CIP 数据核字(2017)第 303929 号

基于 **Flash Gatalyst** 的用户体验感交互设计开发研究　　　史创明　贾一丹　著

Jiyu Flash Gatalyst de Yonghu Tiyangan Jiaohu Sheji Kaifa Yanjiu

---

策划编辑:周晓方　　　　　　　　　　　　　　　　　　责任编辑:姚　幸
封面设计:原色设计　　　　　　　　　　　　　　　　　责任校对:祝　菲
责任监印:周治超
出版发行:华中科技大学出版社(中国·武汉)　　　电话:(027)81321913
　　　　　武汉市东湖新技术开发区华工科技园　　　邮编:430223
录　排:华中科技大学惠友文印中心
印　刷:湖北恒泰印务有限公司
开　本:710mm×1000mm　1/16
印　张:13.5　插页:2
字　数:265 千字
版　次:2017 年 12 月第 1 版第 1 次印刷
定　价:58.00 元

本书若有印装质量问题,请向出版社营销中心调换
全国免费服务热线:400-6679-118　竭诚为您服务

总序

　　"计算机科学与技术前沿研究"是一套以计算机科学为基础的系列丛书,是计算机科学与教育、工业和地质学等领域紧密结合、深度应用的成果展示平台。它集思维创新、学术创新、实践创新为一体,旨在为计算机科学技术在拥有更加广阔的应用空间提供一个传播的媒介。

　　计算机科学技术已广泛渗透到国民经济和社会生活各行各业,解决行业问题的方法众多,但对核心问题并没有限定;对问题的分析过程和结论也没有定论;允许采用更多新颖的方法对复杂问题予以更多的讨论。这就需要计算机科学与应用人员跳出计算机程序编制任务,完成更多具有完整体系构思的创造性工作,在基础理论和算法方面实现重大突破,推动我国计算机科学和信息产业的全面发展。

　　丛书收录了近年来较为热门的课题研究成果。这些成果与社会发展、国民经济发展息息相关,不仅具有创新性还拥有实践性和指导性。如果将丛书分开来看,或许不觉得分量之重;但如果把所有专著放在一起,就可以看出其成果之丰硕。丛书中所有成果以实践为基础,寻找合理的理论支持,并最终回归到实践,并升华了理论。将大量实践过程中产生的良好经验公式化、理论化,可以反复利用,成为推动各个领域发展的关键技术。

　　丛书内容大多以科研项目为依托,在项目实施过程中始终注意新技术与实践应用的有机融合,实验采用实际例证研究方法,具有较大的可信度,且易理解。但是,其中有些课题,难度较大,专著只是做了认真、有益的探索;有些项目,虽然尚有一些不足,作为中间成果,可在各个行业中推广应用,进一步完善。希望当前成果对计算机科学与应用起到良好的开拓作用,为持续研究打下了基础。

　　同时,丛书依据计算机科学与技术专业应用型卓越人才集成与创新特征,以强化实践能力、创新素质为核心,根据不同类型的人才培养方案,重构课程体系和教学内容,开发了一批优质的实务课程、国际化课程和跨学科专业的交叉课程,编写和引进了一批优秀案例教材。

我们更加期待读者与同行的反馈,希望这套丛书能为读者打开计算机科学技术在自身领域深度应用之门,为同行提供新的研究思路与方向。

丛书编委会

2016 年 8 月

前言

Preface

随着当代信息社会的迅速发展,体验感强的 UI 交互设计也越来越需要得到更充分的体现,用户是使用者,积极的用户体验可以使用户增加亲切感、舒适感,也可以使用户在使用的过程中更加轻松、自如、高效地完成任务。于是,对产品的设计者就提出了更高的要求,产品设计者对技术要创新应用并不断拓展。

Adobe 公司为信息媒体素材的处理提供了一系列的解决方案,比如:图像处理方面,Adobe Photoshop 是图像处理界的元老,是最受欢迎的强大图像处理软件之一;在音频处理方面,Adobe Audition 是一个专业音频编辑和混合环境,可提供先进的音频混合、编辑、控制和效果处理功能;在视频处理方面,Adobe Premiere 是一种基于非线性编辑设备的视音频编辑软件;在矢量图形处理方面,Adobe Illustrator 是专业矢量绘图工具;在视频特效方面,Adobe After Effects 是专业非线性特效合成软件;在屏幕录制和培训教育课件制作方面,Adobe Captivate 是一款专业软件,使用方法非常简单,任何不具有编程知识或多媒体技能的人都能够快速创建功能强大的软件演示和培训内容;在 Web 应用程序的开发和网页设计方面,有 Adobe Flex 和 Adobe Dreamweaver。

Adobe Flash Catalyst 是 Adobe 公司的一个专业交互设计工具,通过以上多种工具产品设计的无缝结合,可以让你在不写任何代码的情况下,迅速把你的设计转化成带交互的原型。通过 Catalyst,设计师与程序员可以更好地搭配之间的工作,它可以让你通过简单拖拽就完成界面设计,然后生成具体的 Flex 代码,就不需要程序员在 Flex 中单独布局样式,Catalyst 可以跳跃启动任意 Flex 项目。Catalyst 为开发人员和设计人员建立起沟通的桥梁,特别是程序开发人员可以导入设计师在 Photoshop、Illustrator 和 Fireworks 中设计的用户界面,并将它们转化成 UI 组件而不改变它们原先的"皮肤"、外观和整体风格。设计师仍然用 Adobe 的各种产品来完成自己的大部分工作,但是能通过 Catalyst 来定义 UI 组件了,就像开发人员通过编程来完成这一工作一样。它给开发人员和设计人员提供了一种交流协作的平台,提高了工作效率,简化了设计难度和流程。

相关 Adobe Flash Catalyst 在国内出版的书籍和文章等资料较少,本书在以上介绍的各个方面应用都进行了较详细的探索,在本书第 12 章提供了一个关于 Adobe Flash Catalyst 技术的完整应用案例——精品教材介绍网站模板创作实例。希望通过我们的研究工作能为提高相关工作人员的开发能力和效率提供力所能及的帮助。

著　者

2016 年 10 月

目 录
Contents

1

第 1 章

Flash Catalyst 简介和工作流程

1.1 Flash Catalyst 简介

  Adobe Flash Catalyst CS5.5(以下简称 Flash Catalyst)是一个专业的交互式设计工具,可以在不写任何代码的情况下迅速把设计转化成带交互的原型。Flash Catalyst 就像是设计人员与开发人员之间的一座桥梁,它可以让设计者在熟悉的应用程序环境下工作,即可将 Adobe Photoshop、Illustrator 和 Fireworks 图稿变换为具有表现力的交互式项目,并充分利用 Adobe Flash Platform 的范围和一致性。

  程序开发人员可以导入用户在 Photoshop、Illustrator 和 Fireworks 中设计的用户界面,并将它们转化成 UI 组件而不改变它们原本的"皮肤"、外观和整体风格,然后转换成按钮、滚动条等交互组件,再添加交互转场动画,最终产生一个能交互的 SWF。

  并且用户仍然用 Adobe 的各种产品来完成自己的大部分工作,然而能通过 Flash Catalyst 来定义 UI 组件了,就像开发人员通过编程来完成这一工作一样。

  另外,由于不用写代码,Flash Catalyst 能产生的交互相对比较简单,如果我们想添加更复杂的交互或一些无法实现的逻辑,就需要把你的未完成作品保存为 fxp 文件,然后程序员再用 Flash Builder 导入 fxp,再添加代码,继续开发。

  Flash Catalyst 之前的开发代号为 Thermo。这是一个为 Flex 设计师准备的软件,通过 Flash Catalyst,设计师与程序员可以更好搭配之间的工作。

1

它可以让你通过简单的拖拽就可以完成界面设计，然后可以生成具体的 Flex 代码，就不需要程序员在 Flex 中单独布局样式，Flash Catalyst 可以跳跃启动任意 Flex 项目。

Adobe 平台业务部门总经理 David Wadhwani 表示，Flash Catalyst 旨在为开发人员和设计人员建立起沟通的桥梁，程序开发人员可以导入设计师在 Photoshop、Illustrator 和 Fireworks 中设计的用户界面，并将它们转化成 UI 组件而不改变它们原先的"皮肤"、外观和整体风格。设计师仍然用 Adobe 的各种产品来完成自己的大部分工作，但是能通过 Flash Catalyst 来定义 UI 组件了，就像开发人员通过编程来完成这一工作一样。它给开发人员和设计人员提供了一种交流协作的平台，而不用通过电子邮件或是一起坐在计算机前探讨。

Adobe Flash Catalyst CS5 则是为了挑战微软的 Expression Studio，这款新的软件将作为 Flash 的另一个选择，是专门为设计师和美工量身定做，用户无需编写代码即可创建具有表现力的界面和交互式内容，可将 Adobe Photoshop、Illustrator 和 Fireworks 图稿变换为具有表现力的交互式项目，并充分利用 Adobe Flash Platform 的范围和一致性，可以说设计结果触手可得。

Flash Catalyst 就像是设计人员与开发人员之间的一座桥梁，它可以让设计者在熟悉的应用程序环境下工作，如 Photoshop、Illustrator，同时能够在后台自动生成开发人员所需要的代码。

Flash Catalyst 的工作流程着重强调工具的直觉本质（intuitive nature），在短时间内获得成果。

1.2　Flash Catalyst 的工作流程

1.2.1　创建线框和原型

在单人或小型小组工作流程中，Flash Builder 和 Flash Catalyst 可以快速打包项目，从而实行快速往返传输。

大型小组可以在设计应用程序结构时充分利用 Flex Library Project (FXPL)文件的强大功能。FXPL 是组件、外观和资源的集合，但它们没有应用程序状态的概念。

Flash Catalyst CS5.5 是一个创建线框的强大工具。它可以帮助您勾勒应用程序流的概念，通过屏幕逐步演示编排过程。图 1.1 说明了一个创建线框和原型的工作流程,其中使用 Adobe Illustrator 或 Adobe Photoshop 编辑图稿。

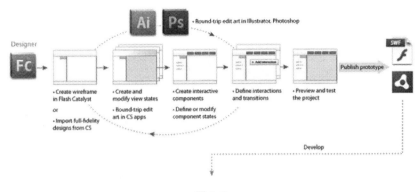

图 1.1

如果线框是您的最终目标,您可能不需要使用 Photoshop 和 Illustrator 实现往返传输工作流程。Flash Catalyst CS5.5 引入了一个"公用库"面板,它包含基于 Spark 的 Flex 组件以及专为创建线框而设计的占位符组件。如图 1.2 所示。

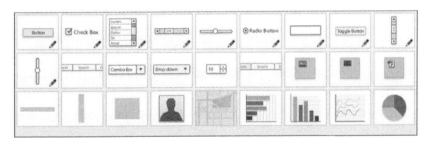

图 1.2

Flash Catalyst CS5.5 与 Photoshop CS5.1 或 Illustrator CS5.1 之间的资源往返传输与 Flash Catalyst CS5 中的往返传输很相似。您可以在过程中随时导入 PSD 或 AI 文件,并在其本机工具中编辑设计的任何部分。通过并入设计资源,可以扩展线框,以创建出高保真的交互式原型。

可以借助新增的"替换为"功能在 Flash Catalyst 中快速、轻松地将线框转换为高保真的原型。该功能允许选择线框中的对象,将它们替换为高保真的图稿、组件或外观,同时保留尽可能多的信息。

1.2.2 单人或小组工作流程

如果小组只有你一人(或是你和另外一人),则 Flash Builder 4.5 与 Flash

3

Catalyst CS5.5 之间的 FXP 往返传输最适合你！图 1.3 说明了这个颇受青睐的功能。

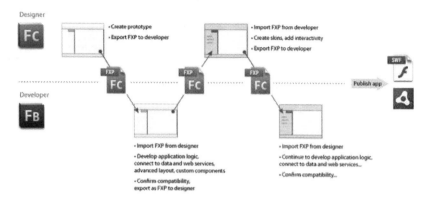

图 1.3

在这个工作流程中，在 Flash Catalyst 中创建线框或高保真原型后，只需保存 FXP 文件并将它导入 Flash Builder 4.5 即可。在 Flash Builder 中，开始添加业务逻辑、连接到数据和 Web 服务、添加高级布局和完成自定义组件。Flash Builder 4.5 提供一个 Flash Catalyst 兼容性检查程序。从 Flash Catalyst 导入一个 FXP 文件或在 Flash Builder 中创建一个 Flash Catalyst 兼容项目时，将自动开启兼容性检查程序。查看并处理"问题"面板中的任何兼容性警告后，有两个选择。如果与他人合作，可以导出 FXP 文件并移交该项目；如果独自工作，可以使用 Flash Builder 4.5 启动 Flash Catalyst 并继续工作。如图 1.4 所示。

图 1.4

在 Flash Catalyst 命令中调用"编辑项目"时，Flash Builder 会将项目所需的所有部件打包并启动 Flash Catalyst 以打开项目供编辑。完成所有编辑工作后，只需在 Flash Catalyst 中保存项目，返回 Flash Builder 并选择"文件"→"Flash Catalyst"→"继续在 Flash Builder 中处理项目"。

对于使用多人工作流程的大型小组，项目结构的重要性更高。当多人处理一个项目时，传输一个项目文件可能会造成严重的瓶颈。此时，库项目显得格外实用。Flash Builder 和 Flash Catalyst 都允许导入和导出库项目以支持多人工作流程。如图 1.5 所示。

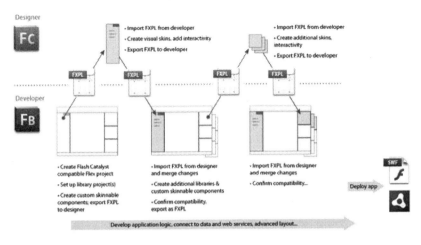

图 1.5

多人工作流程可以从 Flash Catalyst 中的线框或高保真原型开始,也可以从 Flash Builder 中作为开发人员推动的 Flash Catalyst 兼容 Flex 项目开始。例如,在开发人员推动的工作流程中,开发人员将在 Flash Builder 4.5 中创建一个 Flash Catalyst 兼容 Flex 应用程序和几个支持性库项目。其中一个库项目将包含要在 Flash Catalyst 中设计外观的自定义组件。这个库项目可导出为 FXPL 文件并在 Flash Catalyst 中进行编辑。(Flash Catalyst 无法直接打开 FXPL 文件,必须新建一个空白的 Flash Catalyst 项目,然后导入这个 FXPL)。扩展 SkinnableComponent 的任何基于 ActionScript 的组件将显示在 Flash Catalyst 的"可设置外观组件"列表中。在这个工作流程中,可以将图稿指定到自定义 SkinParts。完成外观设计后,设计人员从 Flash Catalyst 导出库,将它合并回 Flash Builder 中的库项目。这样,设计人员就能更新多次迭代中的可视部分,同时继续开发应用程序。

1.3 Flash Catalyst 的功能特性

1. 轻松定义站点导航

Flash Catalyst 可将静态页面元素转化成包含鼠触翻动和平滑变化的互动网站。与图形设计软件轻松切换。编辑并创建页面或组件动画效果,例如淡入淡出的过渡效果。切换设计页面、组建的不同状态,提高交互性。

2. 快速展示设计创意

使用 Flash Catalyst 可以大大缩短客户推销流程。无论你是为消费者还是

5

内部客户展示和推销你的设计意图,都可以无需使用代码开发即可快速显示交互项目。

3. 生成视频组合列表

Flash Catalyst 可以快速创建带导航和播放控制的视频组合列表,以便于在网络上发布。

4. Flash Catalyst 和 Adobe 其他软件合作

Flash Catalyst 可以利用 Illustrator、Photoshop 或 Fireworks 软件绘制的线框图和成品设计,快速创建成互动原型,快速获取反馈信息,然后直接用于开发。Flash Catalyst 可以扩展与 Adobe Flash Builder 和 Flex framework 生成的项目功能。Flash Builder 可以打开 Flash Catalyst 创造的项目文件并增加功能,例如连接到服务器和服务功能的项目文件,同时保留你的视觉和交互设计。Flash Catalyst 可以使用和加入 Adobe Flash Professional 创造的身临其境的交互式视频内容,以提供更具吸引力的用户体验。

1.4 Flash Catalyst 的用户界面

在 Flash Catalyst 的用户界面中有两种工作模式,包括设计工作区和代码工作区。使用弹出菜单的形式进行工作区之间的切换。

1.4.1 设计工作区

设计工作区由显示页面和状态的图形表示。此工作区包含多种面板和用于创建和编辑项目的工具。使用手工具 来抓取和平移画板作为替代滚动。使用缩放工具 或放大功能,可以改变实际尺寸的 25%～800% 之间的视图。

使用放大镜放大到画板(按住"Alt"键(Windows)或 Option 键的特定部分键(Mac OS)缩小)。当你在搜索框 中输入一个词,则会出现在 Adobe 社区帮助客户端中,它可以让你访问联机帮助和社区资源。

首先,打开 Adobe Flash Catalyst CS5.5 软件,选择新建一个空白项目来观察软件的整体界面。如图 1.6 所示。

A:视图工具。

B:HUD 面板。

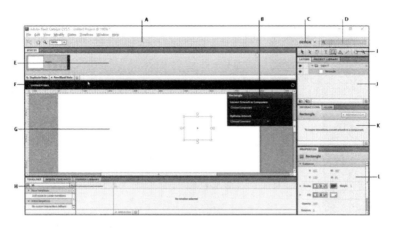

图 1.6

C：工作区菜单。

D：搜索框。

E：页面与状态面板。

F：导航条。

G：画布面板。

H：公共库-工具面板。

I：工具面板。

J：图层面板。

K：交互面板。

L：属性面板。

HUD 面板：根据用户当前即将进行的交互行为或是对选择的对象提供一些快捷的命令，并对这些行为或是对象进行处理。当用户要对一些对象进行处理时，HUD 面板会检测并自动出现。当对象进行相应的操作后，HUD 面板会显示信息，要求进入下一步骤对命令进行再次完善。如果用当户选中一个对象却没有看到 HUD 面板时，通过选择"Window"→"HUD"来显示 HUD 面板。如图 1.7 所示。

工作区菜单：你可以使用"工作区菜单"切换设计工作区和代码工作区。如图 1.8 所示。

搜索框：用户可以在"搜索框"中输入一些关键词，Flash Catalyst 会使其自动出现在 Adobe 社区帮助客户端中，然后可以访问联机帮助和社区资源找出最佳范例。如图 1.9 所示。

页面与状态面板：显示应用程序中的每个页面的缩略图。如果某一个组件被选中，它将显示选中组件的不同状态。用户可以根据项目具体的需要进行复制，删除，添加和重命名页面及组件的状态。如图 1.10 所示。

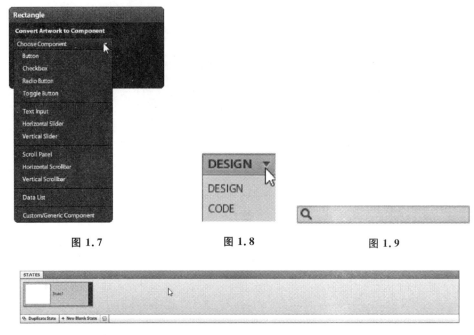

图 1.7　　　　　　　　　　图 1.8　　　　　　　　　图 1.9

图 1.10

导航条：当用户编辑组件或是组件内部的对象时，Flash Catalyst 可以使用"导航条"持续跟踪用户在项目中当前的所在位置。用户可以使用导航条退出当前自己所在的编辑对象，并返回到画布中。如图 1.11 所示。

图 1.11

画布面板："画布"是用户把图形元素，交互式组件和其他物体组成的应用程序界面。它有标尺、网格和定位及捕捉等工具用来布局。用户可以使用修改菜单对齐，组，来安排（从前到后）在画板上的对象。并且"画布"可以提前预览用户即将发布的应用程序。如图 1.12 所示。

时间轴面板："时间轴"（TIMELINES）面板提供了创建和编辑过渡动画和定义动作序列的功能。并且，用户还可以使用"时间轴"面板来控制视频、播放 SWF 动画和添加音效等功能。如图 1.13 所示。

临时数据面板：当用户创建一个数据列表组件后，可以使用"临时数据"（DESIGN-TIME DATA）面板来进行数据填充。它可以预演数据列表的外观和交互行为，在数据列表的设计阶段时，临时数据就具有非常重要的作用。开发人员也可以使用 Flash Builder 来临时替换数据为真实的数据提供服务。如图 1.14所示。

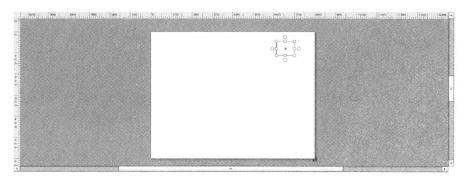

图 1. 12

图 1. 13

图 1. 14

公共库面板："公用库"（COMMON LIBRARY）中包含了一组用户可能准备使用的线框组件和占位符的一个简单的默认外观。用户可以使用这些组件和占位符的画板，即使用它们"原样"或对其进行修改以满足用户的对应用程序外观的需要。如图 1.15 所示。

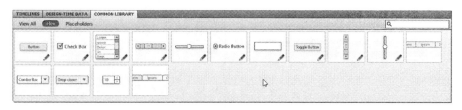

图 1. 15

工具面板：工具面板包含用于创建，选择和变换对象，包括简单的线条工具，

图 1.16

形状和文本等对象。如图 1.16 所示。

图层面板:"图层"(LAYERS)面板是一个集中组织管理程序中对象如图形资源、组件视频、音频等的收集器。

资源库面板:"资源库"(PROJECT LIBRARY)面板显示了整个项目中可以重复使用的资源,包括"组件"、"图像"、"多媒体"和其他媒体的整个列表等,也包括了可能在所有页面或状态中没有被显示出来的对象,也都会被存储到资源库中。如图 1.17 所示。

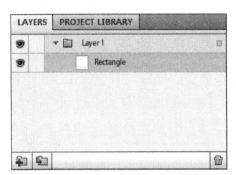
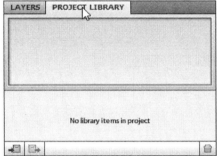

图 1.17

交互面板:"交互"(INTERACTIONS)面板可添加定义为用户与应用程序交互会发生什么行为,定义应用程序该怎么做。例如,当用户点击一个按钮,可以从一个页面或组件的状态添加的互动过渡到另一个。还可以补充一点好玩的动画互动,控制视频播放或打开 URL。

对齐面板:"对齐"(ALIGN)面板包含控件对齐、分发和匹配部件的尺寸及对象画板。如图 1.18 所示。

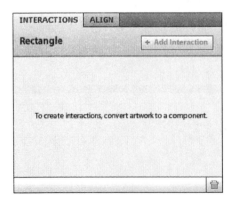
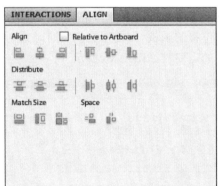

图 1.18

属性面板:"属性"(PROPERTIES)面板可以编辑选中的对象属性,如图形、文字编辑属性及组件属性。"属性"面板中的参数及选项会根据用户所选中的不同对象而进行相应改变。如图 1.19 所示。

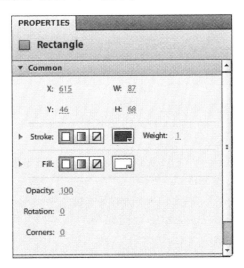

图 1.19

1.4.2 代码工作区

首先,在工作区菜单中选择"代码"(CODE)选项切换至代码工作区界面。

该工作区显示了项目底层应用程序代码。当用户在 Flash Catalyst 中工作时,如下代码自动生成。

```
< ? xml version= '1.0' encoding= 'UTF- 8'? >
< s:Application xmlns:d= "http://ns.adobe.com/fxg/2008/dt"
         xmlns:fx= "http://ns.adobe.com/mxml/2009"
         xmlns:s= "library://ns.adobe.com/flex/spark"
         xmlns:fc= "http://ns.adobe.com/Flash Catalyst/2009"
         xmlns:components= "components.* "
         width = "100% " height = "100% " backgroundColor = " #
FFFFFF" preloaderChromeColor= "# FFFFFF"
         fc:previewHeight= "540" fc:previewWidth= "960">
     < s:states>
       < s:State name= "zhuye"/>
       < s:State name= "second"/>
       < s:State name= "third"/>
```

```
< /s:states>
< s:BitmapImage d:userLabel= "首页1级背景" includeIn= "zhuye" x= "
0" y= "0" smooth= "true"
            source= "@ Embed('/assets/images/梅花/首页1级背景.png
')"/>
< s:BitmapImage d:userLabel= "2级背景" includeIn= "second,zhuye"
x= "- 1" y= "0" smooth= "true"
            source= "@ Embed('/assets/images/梅花/2级背景.png')"
            visible.zhuye= "false"/>
< s:BitmapImage d:userLabel= "3级背景" includeIn= "third,zhuye" x
= "0"y= "0" smooth= "true"
            source= "@ Embed('/assets/images/梅花/3级背景.png')"
            visible.zhuye= "false"/>
< fx:DesignLayer d:userLabel= "首页1级"
            visible.second= "false"
            visible.third= "false">
< s:Button includeIn= "zhuye" x= "49" y= "368" skinClass= "
components.G"/>
< s:Button includeIn= "zhuye" x= "225" y= "369" skinClass= "
components.H"/>
< s:Button includeIn= "zhuye" x= "399" y= "370" skinClass= "
components.J"/>
< s:Button includeIn= "zhuye" x= "572" y= "371" skinClass= "
components.S"/>
< s:Button includeIn= "zhuye" x= "742" y= "372" skinClass= "
components.P"/>
< s:BitmapImage d:userLabel= "疏影横斜水清浅,暗香浮动月黄昏"
includeIn= "zhuye" x= "514" y= "46" smooth= "true"
                source= "@ Embed('/assets/images/梅花/疏影横斜水清浅,
暗香浮动月黄昏.png')"/>
< /fx:DesignLayer>
< fx:DesignLayer d:userLabel= "具体2级"
            visible.third= "false"
            visible.zhuye= "false">
< s: Button includeIn = " second, zhuye" x = " 58" y = " 389"
skinClass= "components.picture"
            visible.zhuye= "false"/>
< components:second includeIn= "second,zhuye" x= "127" y= "11"
```

```
                visible.zhuye= "false"/>
    < /fx:DesignLayer>
    < fx:DesignLayer d:userLabel= "图片 3 级"
                    visible.second= "false"
                    visible.zhuye= "false">
        < components:third includeIn= "third,zhuye" x= "198" y= "13"
                    visible.zhuye= "false"/>
        < s:Button includeIn= "third,zhuye" x= "728" y= "61" skinClass
= "components.back"/>
    < /fx:DesignLayer>
< /s:Application>
```

在 Flash Catalyst 建立的应用是建立在 Flex 框架的基础上。Flex 是一个开源框架在所有主要的浏览器和操作系统上构建和部署应用程序。MXML 是语言开发人员使用来定义布局、外观和 Flex 的行为。ActionScript 3.0 中是用来定义语言客户端应用逻辑。当用户发布 Flash Catalyst 项目,该 MXML 和 ActionScript 是一起编译为 SWF 文件。

查看 MXML 代码使设计师有机会了解该应用程序是如何编程的。该代码工作区是只读的。编辑代码要打开在 Adobe Flash Builder 中的项目。

在代码模式下显示着一些基础的 MXML 代码,这些 MXML 代码是由 Adobe Flash Catalyst 自动生成的。阅读这些代码有助于程序开发人员理解应用是如何编写的。代码模式包括了几个面板来帮助理解代码的结构和一些基本问题。如图 1.20 所示。

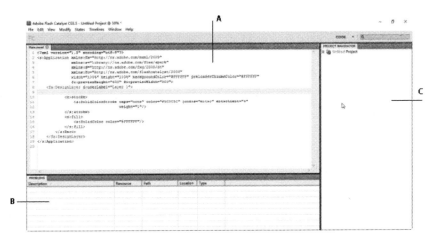

图 1.20

A：代码面板。

B：报错面板。

C：项目导航面板。

代码面板：当用户设计一个应用程序时，Flash Catalyst 会自动生成基础的 MXML 代码。在此模式下的代码是只读的，也就是说用户只可以读但不可以编辑。只有在 Adobe Flash Builder 中打开该项目才能编辑这些代码。

报错面板："报错"（PROBIEMS）面板用来显示在当前的 MXML 代码中出现的任何错误。用户可以双击出现的错误，找到代码中的错误，进而发现问题再纠错。

项目导航面板："项目导航"（PROJECT NAVIGATOR）面板用来显示用户所设计的 Flex 项目的目录结构和相应的文件。当用户发布项目时，所有的该项目的文件都被打包压缩在一个".fxp"的 Flash Catalyst 的项目文件中。

1.4.3　创建新项目

用户可以通过两种方式启动一个新项目。

（1）新建一个空白的项目，建立自己的应用程序。这一方法是对用户界面快速成帧是便捷的。Flash Catalyst 提供了常见的库组件、绘图工具，以及导入各种媒体快速原型界面的能力。

（2）导入在 Adobe Photoshop、Illustrator 中完成创建分层设计的艺术品，或从 Fireworks 导出的设计。使用这种方法，用户可以在自己喜欢的 Adobe Creative Suite 应用程序中设计和快速地将作品转换成一个正常运作的交互式应用程序。

新建一个空白项目的步骤如下。

步骤 1　启动 Flash Catalyst，在欢迎屏幕中的新建项目部分，选择的 Adobe Flash Catalyst 项目。

注意：如果用户已经打开的项目，选择"文件"（File）→"新建项目"（New Project），则新建一个空白项目。

步骤 2　在新建项目对话框中，为项目画板的大小和颜色输入值，然后单击确定。如图 1.21 所示。

可调整大小（Resizable）的选项默认是打开的。这使得用户可根据项目不同的视角调整情况。

现在有一个新的空白项目，默认情况下，设计工作区是开放的。用户可以通过导入现成作品，添加页面，创建组件，并增加互动和过渡构建应用程序。

注意：用户还可以通过选择"修改"（Modify）→"画板设置"（Artboard

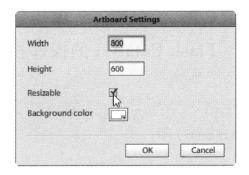

图 1. 21

Settings）稍后更改画板参数。

通过在分层设计文件中导入作品启动一个项目的步骤如下。

步骤 1 启动 Flash Catalyst。

步骤 2 在从欢迎屏幕的设计文件部分中的新建项目，选择要导入的文件类型。选项包括：Adobe Illustrator 的 AI 文件，Adobe Photoshop PSD 文件，FXG 文件（FXG 文件可以从 Adobe Fireworks 及其他应用程序中导出）。如图 1.22 所示。

图 1. 22

注意：如果用户已经打开的项目，则选择"文件"（File）→"导入"（Import）→选择文件类型。

步骤 3 设计文档中的所有作品将被添加到新的 Flash Catalyst 项目。在图层面板中反映导入文档层结构，保留原来的设计的完整性。用户可以通过添加页面和创建组件来增加互动和过渡，构建应用程序。

1.5 Flash Catalyst 的操作技巧

在真正开始学习 Flash Catalyst 之前,必须要了解一些关于该软件的基本知识,以便后面能够更好地学习软件。

1.5.1 Flash Catalyst 的相关应用版本要求

Flash Player 版本要求如下。

当使用 Flash Catalyst CS5.5 开发应用程序时,发布的文件都会是 Flash Player 文件格式的".swf",因此在浏览时请使用安装了 Flash Player10 的浏览器进行效果预览。

请输入地址 http://get.adobe.com/cn/Flashplayer 检查、更新当前 Flash Player 的版本,以确保能顺利进行后续学习。如图 1.23 所示。

图 1.23

AIR 版本要求如下。

用户需要将项目发布成一个 AIR(桌面安装版本)时,当最后需要播放 AIR 程序的时候,若没有 Adobe AIR 程序则需安装。

请在浏览器中输入地址(https://get.adobe.com/cn/air/),下载近期的 AIR 运行环境。

1.5.2 Flash Catalyst 的激活和注册

帮助安装：有关安装问题的帮助，请参阅 Creative Suite 的帮助和支持页面 www.adobe.com/go/learn_cs_en。

许可证激活：在安装过程中，Adobe 软件会联系 Adobe 以完成许可激活过程。有关产品激活的更多信息请访问 Adobe 官方网站：www.adobe.com/go/learn_cs_en。

单用户零售许可支持激活两台计算机。例如，可以在工作地点的计算机和家庭一台笔记本计算机上安装产品。如果你想在第三台计算机上安装该软件，首先关闭其他两台计算机之一。"选择帮助"（Help）→"停用"（Deactivate）。

注册：注册可以获得附赠的安装支持、更新通知及其他服务。

如果选择跳过安装或启动过程中输入您的 Adobe ID，您可以通过选择帮助（Help）→产品注册（Product Registration）在任何时候注册。

软件更新：Adobe 会定期提供软件更新，只要保持计算机联网通畅就会收到更新消息。用户也可自行操作检查更新。打开 Flash Catalyst，在菜单中选择"帮助"（Help）→"升级"（Update），Adobe 的程序管理器会自动检查可用的最新程序更新，之后根据自己的需要来勾选更新的软件，Flash Catalyst 会自动将其一起更新。如图 1.24 所示。

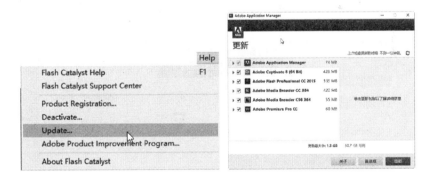

图 1.24

1.5.3 Adobe 的资源使用

帮助：在 Flash Catalyst 的工具栏中单击"帮助"（Help）/Flash Catalyst Help 或按"F1"键，可获得关于软件的相关帮助及支持的内容供用户自行查询学习。如图 1.25 所示。

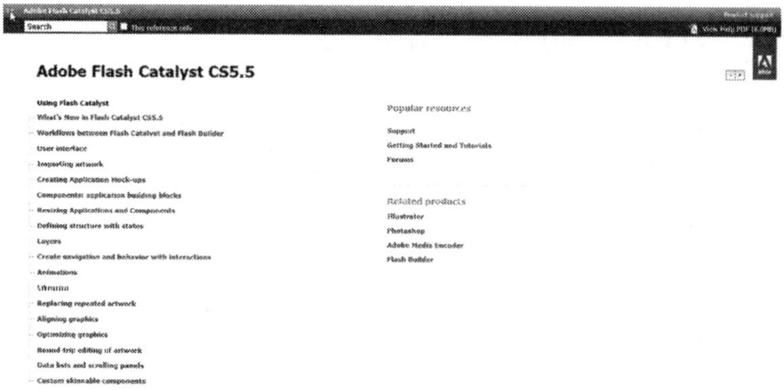

图 1.25

Adobe Exchange：Adobe 网站为 www.adobe.com/go/exchange，可以从 Adobe 和第三方开发人员下载示例及数以千计的插件和扩展。这些插件和扩展可以帮助您自动执行任务，定制工作流程，创建特殊专业效果等。如图 1.26 所示。

图 1.26

Adobe TV：Adobe 的在线视频提供了很多的专业在线视频资源，可以帮助用户更好地了解掌握产品的使用方法与技巧。可以从 Adobe 软件中点击进入，也可访问网站。如图 1.27 所示。

Flash Catalyst Support Center：从 Flash Catalyst 的开发中心中可以找到相关的技术文章、代码案例及 Flash Catalyst 相关技术的介绍与视频资源。如图 1.28 所示。

Adobe® TV

Learn more about Flash Catalyst CS5.5

图 1.27

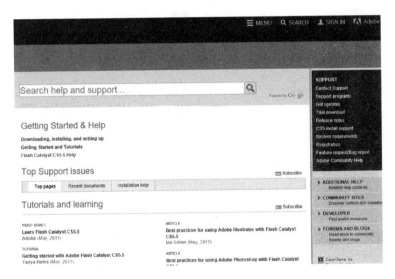

图 1.28

1.6　Flash Catalyst 的安装

　　Adobe Flash Catalyst CS5.5 总共有 15 个独立程序和相关技术,这些软件通过五种不同的组合构成了五个不同的组合版本,分别是大师典藏版、设计高级版、设计标准版、网络高级版、产品高级版。安装步骤如下。

步骤 1 登录 Adobe 中国官网页面,地址为 http://www.adobe.com/cn/downloads.html,之后进入网页下载页面。如图 1.29 所示。

图 1.29

步骤 2 在目录中选择了"Flash Catalyst"后,网页会自动弹出 Adobe ID 登录页面,如图 1.30 所示。若没有 Adobe ID,可以先注册一个 ID,再登录后才可下载安装程序。

图 1.30

步骤 3 下载完成后解压,在解压文件夹中打开"Adobe Flash Catalyst CS5.5"文件夹。单击"Set up.exe"文件  Set-up.exe 。

步骤 4 在安装过程中会弹出"Adobe 安装程序"对话窗口。选择"忽略并继续"选项,就会看到"初始化安装程序"的进度条。如图 1.31 所示。

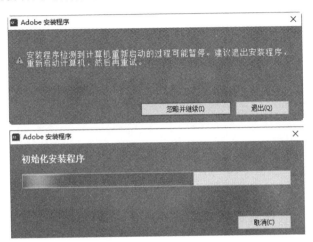

图 1.31

步骤 5 在选择"试用"选项后,此时会出现"Adobe 软件许可协议"页面,选择"接受"。如图 1.32 所示。

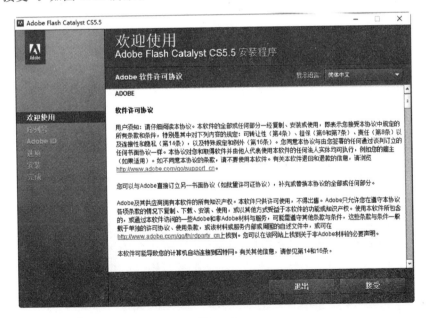

图 1.32

步骤 6 可自行选定在计算机上的安装位置,默认为"C 盘"。点击"安装"按钮,进入安装过程。

第 2 章

Flash Catalyst 项目创建流程探讨

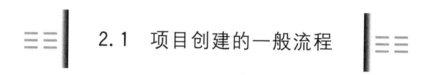

2.1 项目创建的一般流程

Adobe Flash Catalyst CS5.5 的简单设计工作流程分为两种:单纯的展示、互动的作品项目;需要通过资料库整合的"data-centric application"(以数据为中心的应用程序)。

2.1.1 工作流程概况介绍

工作流程的内容如下所示。

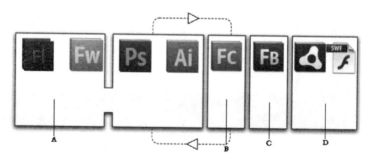

A:界面设计。
B:互动设计。

C：代码开发。

D：作品发布。

1. 界面设计

用户可通过 Adobe Photoshop，Adobe Illustrator，Adobe Fireworks，Adobe Flash 等软件来设计界面或是项目所需的复杂图形、高级元素。简单的图形可以在 Adobe Flash Catalyst 里直接制作，但是功能有局限性。

2. 互动设计

用户可由 Flash Catalyst 导入以上创作项目所需要的图案，然后在 Flash Catalyst 中设定每个元素的互动效果，Adobe Photoshop 和 Adobe Illustrator 可以和 Flash Catalyst 相结合来进行制作，节省创作时间，我们会在第 3 章进行更详细的介绍。

3. 代码开发

Flash Catalyst 的项目可以进一步使用 Flash Builder 进行更详细的代码编辑。例如连接到数据库或 Web 服务的扩展，开发人员也可以使用 Flash Builder 来临时替换数据，为真实的数据提供服务。在 Flash Catalyst 中的代码工作区中，当用户设计一个应用程序时，Flash Catalyst 会自动生成基础的 MXML 代码。在此模式下的代码是只可以读但不可以编辑。只有在 Adobe Flash Builder 中打开该项目才能编辑这些代码，我们会在第 10 章进行更详细的介绍。

4. 作品发布

在 Flash Catalyst 里的发布功能中，作品根据自己的需要选择发布的格式。如果作品需要上传至网络供他人欣赏的话，可以选择发布为通过浏览器播放的 SWF 格式；如果是直接在本地系统直接进行播放的话，可以选择发布为 Adobe AIR 格式，我们会在第 11 章进行更详细的介绍。如图 2.1 所示。

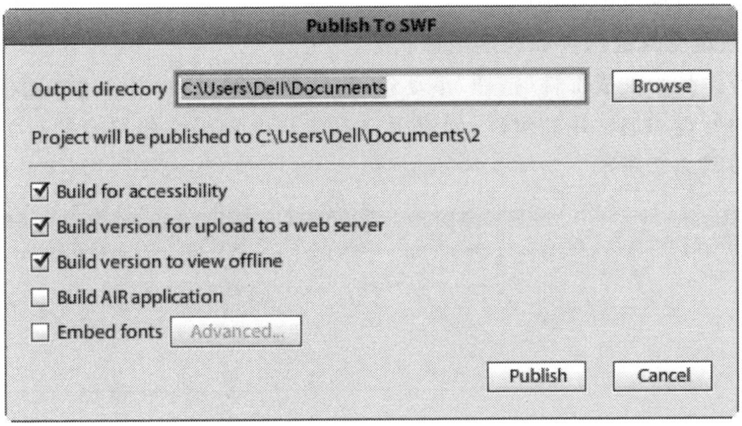

图 2.1

2.1.2 工作流程细节介绍

在流程图的基础下,有以下的通用流程步骤。

1. 制订计划

一份详细的项目规范是成功创作项目的开始。需要描述每个页面或屏幕,图形和每个页面上的交互式的组件,工具箱,属性面板界面互动,用户导航和每个部件的不同状态的不同情况。

还需要描述用于检索和显示外部数据的任何数据列表组件。熟练掌握工具的使用也是成功创作的不可或缺的一部分。

2. 制作所需组件

在 Flash Catalyst 中使用图形工具,创建应用程序所需要的布局线框,或导入从 Adobe Illustrator、Photoshop 或 Fireworks 中的设计样稿进行创作。

3. 创建或导入视频和声音

创建额外的插图、视频和声音应用程序为项目增添色彩。把在 Adobe Illustrator、Photoshop 中设计的分层文件导入 Flash Catalyst 中,用户还可以导入各个图形文件,或者使用内置的矢量绘图工具绘制简单的图形。

导入其他资源,如视频、声音和 SWF 内容。创建以数据为中心的组件,例如作为数据表,导入数据(文本或图像)的一个代表性的样品。

在导入或在 Flash Catalyst 创建的作品后,可以在 Illustrator 或 Photoshop 编辑作品,然后返回 Flash Catalyst 中修改图稿。往返编辑 Flash Catalyst 中的图形绘制和编辑功能,并提高迭代设计过程。

4. 创建和修改视图状态

根据项目规范创建状态。

5. 创建交互式组件和限定组件状态

转换作品给现成部件(按钮、滚动条、数据列表等)。使用公用库面板来快速与通用的外观添加常用的组件,创建用户不能与内置组件相符合的行为自定义组件。如图 2.2 所示。

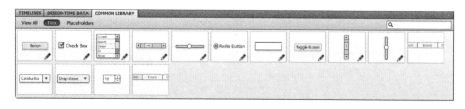

图 2.2

以数据为中心的应用程序,可以使用设计时的数据来设计数据列表组件。设计时的数据允许使用虚设的内容,如样品数据库记录或位图的图像,而不必实际连接到后端系统。一个 Flex 开发人员可以替换从数据库或 Web 服务的真实数据的设计时的数据。

6. 创建或修改组件状态

组件可以有多个状态,如向上、在上、下和一个按钮的禁用状态。根据项目需要创建或修改每个交互式组件的不同状态。如图 2.3 所示。

图 2.3

注意:创建页面状态和创建交互式组件的步骤可以互换。一些设计师更喜欢先创建所有交互式组件,然后将这些组件添加到页面和状态。

7. 定义交互和过渡

添加定义为用户与应用程序交互会发生什么互动。例如,可以添加交互从一个页面或组件状态,当用户点击一个按钮为一个过渡。还可以添加动画播放的相互作用,控制视频播放,或打开网址。使用时间轴面板页面和组件状态之间的添加和修改流畅的动画过渡。如图 2.4 所示。

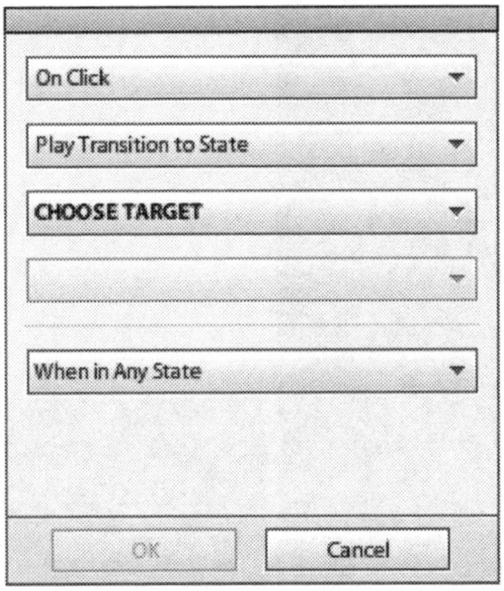

图 2.4

8. 测试项目

开发过程中需要经常测试项目,以确保互动是否工作正常,以便及时修改。

2.2　创建初始项目

首先,需要制订一份详细的项目规范,这是成功创作项目的开始。

其次,可以在 Adobe Illustrator、Photoshop 或 Fireworks 中设计规划,再在 Flash Catalyst 中将设计样稿导入进行创作。

2.2.1　查看 Adobe Photoshop 设计样稿

在创建 Flash Catalyst 项目之前,先来简单介绍如何运用 Adobe Photoshop 来规划设计样稿。

在"天气预报.psd"文件中,选择"图层"面板,查看本项目制作需要的所有图片及文本。可以看出项目中主要包括了三个部分:主页面背景资料,4 个分页面简略资料,4 个分页面详细资料。每个文件夹中的图层里都包含每个页面中需要的图片及文本资料。如图 2.5 所示。

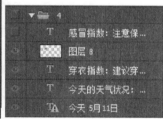

图 2.5

2.2.2 创建 Flash Catalyst 项目

把事先创建好的 Adobe Photoshop 设计好的".psd"文件导入 Flash Catalyst 中,步骤如下。

步骤 1 打开 Flash Catalyst CS5.5 软件。

步骤 2 在"Create New Project from Design File"(从设计文件创建新项目)中,单击"From Adobe Photoshop PSD File"(Photoshop 文件导入)。

注意:如果 Flash Catalyst 中已经运行,选择"File"(文件)→"New Project from Design File"(新建项目从设计样稿)。用户只能打开一个项目,不可以多个项目同时打开。

步骤 3 在弹出的对话框中选择"天气预报.psd"文件,单击"确定"按钮。如图 2.6 所示。

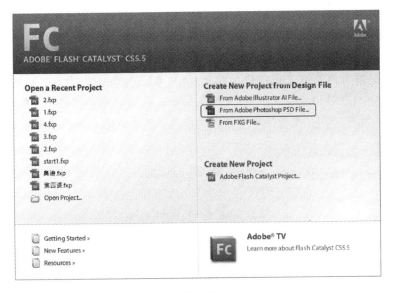

图 2.6

步骤 4 可以根据自己的设计需要,在"Photoshop Import Options"(Photoshop 的导入选项)窗口中选择项目的背景颜色和尺寸,这里保持默认选项不变。也可以点击"Advanced"(高级)选项对图层进行具体选择操作导入。如图 2.7 所示。

A:保持可编辑。

B:平滑处理。

C:成组形式。

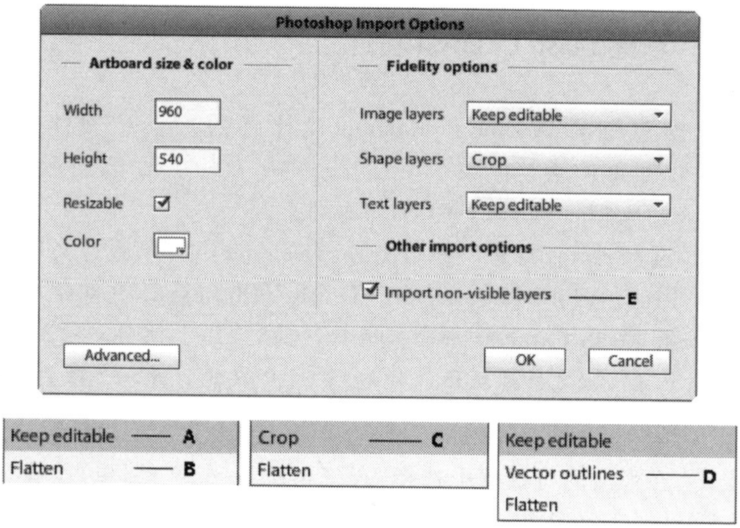

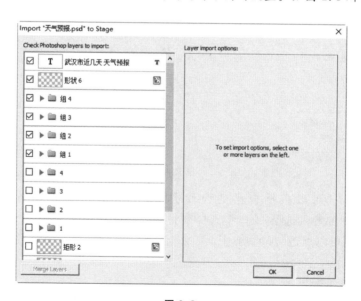

图 2.7

D:矢量外观。

E:导入不透明图层。

注意:在导入窗口中包括两个部分,分别是:"Artboard size & color"(界面尺寸和大小)和"Fidelity options"(保真度选项)。在"保真度选项"中可以分别对"图形、图片、文本"图层根据项目需要进行不同的设置。如图 2.8 所示。

图 2.8

步骤 5 单击"OK"按钮导入项目。

2.2.3 Flash Catalyst 主要面板介绍

为了方便用户能够更快速地创建项目,接下来简单地介绍 Flash Catalyst 常用的主要面板,在后面的章节中还会更加详细地重点介绍。

1. 图层面板

"图层"(LAYERS)面板是一个集中组织管理程序中对象,如图形资源、组件视频、音频等的收集器。它起着非常重要的作用,能够快速掌握控制资源转换和切换和过渡动画的制作。如图 2.9 所示。

2. 资源库面板

"资源库"(PROJECT LIBRARY)面板显示了整个项目中可以重复使用的资源,包括"组件""图像""多媒体"和其他媒体的整个列表等,也包括了可能在所有页面或状态中没有被显示出来的对象,也都会被存储到资源库中。如图 2.10 所示。

图 2.9   图 2.10

3. 交互面板

"交互"(INTERACTIONS)面板可添加定义为用户与应用程序交互会发生什么行为,定义应用程序该怎么做。例如,当用户点击一个按钮,可以从一个页面或组件的状态添加的互动过渡到另一个。还可以补充一点好玩的动画互动,控制视频播放或打开 URL。可以通过点击"Add Interaction"(添加交互)按钮为对象增加交互行为。如图 2.11 所示。

4. 属性面板

"属性"(PROPERTIES)面板可以编辑选中的对象属性,如图形,文字编辑属性,组件。"属性"面板中的参数及选项会根据用户所选中的不同对象而进行相应的改变。如图 2.12 所示。

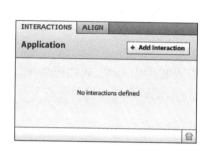

图 2.11

图 2.12

5. 时间轴面板

"时间轴"(TIMELINES)面板提供了创建和编辑过渡动画和定义动作序列的功能,给页面和状态面板的跳转增加时间,可以使过渡动画更加平滑自然。并且,用户还可以使用"时间轴"面板来控制视频、播放 SWF 动画和添加音效等功能。如图 2.13 所示。

图 2.13

6. 临时数据面板

当用户创建一个数据列表组件后,可以使用"临时数据"(DESIGN-TIMEDATA)面板来进行数据填充。它可以预演数据列表的外观和交互行为,在数据列表的设计阶段时,临时数据就具有非常重要的作用。开发人员也可以使用 Flash Builder 来临时替换数据为真实的数据提供服务。如图 2.14 所示。

图 2.14

2.3 创建使用组件和页面

首先需要制作所需组件：在本作品中是导入项目，所以一切制作组件的素材都已具备，只需制作最终组件即可。

其次，还要创建或修改组件状态，根据项目需要创建或修改每个交互式组件的不同状态。

最后，通过"PAGES/STATES"（页面与状态）面板添加和删除页面来丰富项目的内容，为组件创建交互打下基础。

2.3.1 创建使用组件

步骤如下。

步骤 1 在"LAYERS"（图层）面板中选中"组 1"文件夹中的所有内容。

步骤 2 在弹出的"HUD"面板中，长按"Choose Component"（选择组件）→单击"Button"（按钮），将选中的图层转化为"按钮组件"。如图 2.15 所示。

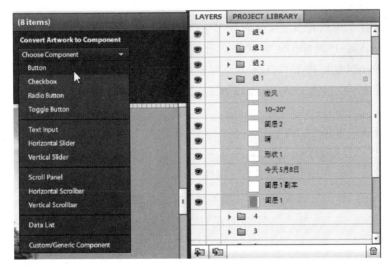

图 2.15

步骤 3 将按钮组件命名为"_1ButtonSkin1"→单击"OK"按钮。如图 2.16所示。

步骤 4 用同样的方法，选中"组 2"文件夹中的所有内容，将其转化为"按钮

31

组件",并命名为"_2ButtonSkin2",单击"OK"按钮。

步骤 5 用同样的方法,选中"组 3"文件夹中的所有内容,将其转化为"按钮组件",并命名为"_3ButtonSkin3",单击"OK"按钮。

步骤 6 用同样的方法,选中"组 4"文件夹中的所有内容,将其转化为"按钮组件",并命名为"_4ButtonSkin4",单击"OK"按钮。

至此,将 4 个文件夹中素材分别转化为了 4 个按钮组件。如图 2.17 所示。

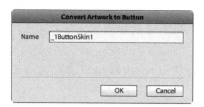

图 2.16

图 2.17

2.3.2 设置组件状态

步骤如下。

步骤 1 选中创建的"_1ButtonSkin1"组件,双击或按下"HUD"面板的任意一个按钮进入独立编辑模式。

进入独立编辑模式后,会看到"PAGES/STATES"(页面与状态)面板上有"_1ButtonSkin1"组件的 4 种状态。分别是:"Up"(鼠标弹起)、"Over"(鼠标滑过)、"Down"(鼠标按下)、"Disabled"(鼠标消失)。

步骤 2 在"PAGES/STATES"(页面与状态)面板上,选中"Over"(鼠标滑过)状态。

步骤 3 单击"LAYERS"(图层)面板,选择"组 1"文件夹中的"图层 1 副本"。如图 2.18 所示。

步骤 4 在"PROPERTIES"(属性)面板选择"Filters"(滤镜)一栏。

步骤 5 单击"Add Filters"(增加滤镜)后面的 ➕ 按钮,在弹出的选项中选择"Glow"(发光)选项。之后会出现对"Glow"(发光)滤镜的属性设置。如图 2.19所示。

步骤 6 在属性设置中,设置"Color"为"5380D0","Opacity"(不透明度)为"50"。如图 2.20 所示。

步骤 7 双击空白区域退出独立编辑模式,或者使用导航条退出当前编辑对象,返回上一级。

步骤 8 使用同样的方法为其他 3 个按钮添加同样的组件状态。

图 2.18

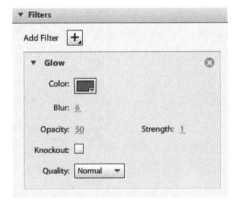

图 2.19   图 2.20

　　双击"_2ButtonSkin2"按钮进入独立编辑状态→选择"Over"(鼠标滑过)状态→单击图层面板中"组 2"文件夹中的"图层 2 副本"→在属性面板中为其添加"Glow"滤镜,并设置参数。

　　步骤 9　　双击"_3ButtonSkin3"按钮进入独立编辑状态→选择"Over"(鼠标滑过)状态→单击图层面板中"组 3"文件夹中的"图层 3 副本"→在属性面板中为其添加"Glow"滤镜,并设置参数。

　　步骤 10　　双击"_4ButtonSkin4"按钮进入独立编辑状态→选择"Over"(鼠标滑过)状态→单击图层面板中"组 4"文件夹中的"图层 4 副本"→在属性面板中为其添加"Glow"滤镜,并设置参数。

　　步骤 11　　双击空白区域退出独立编辑模式,或者使用导航条退出当前编辑对象,返回上一级。

2.3.3　创建使用页面

步骤如下。

步骤 1　在"PAGES/STATES"(页面与状态)面板中,将第一个页面命名为"zhuye"。

步骤 2　单击"PAGES/STATES"(页面与状态)面板中的"New Blank State"按钮,增加一个新的空白面板,命名为"t1"。

步骤 3　在图层面板中将命名为"1"文件夹中的所有图层和"矩形 2""矩形 1""bj"前面的"小眼睛" ● 呈显示状态。如图 2.21 所示。

图 2.21

步骤 4　双击空白区域退出独立编辑模式,或者使用导航条退出当前编辑对象,返回上一级。

步骤 5　使用同样的方法为其他 3 个按钮分别添加类似的分页面。

增加一个新的空白面板,命名为"t2"→使图层面板中将命名为"2"文件夹中的每个图层和"矩形 2""矩形 1"和"bj"呈显示状态。

步骤 6　增加一个新的空白面板,命名为"t3"→使图层面板中将命名为"3"文件夹中的每个图层和"矩形 2""矩形 1"和"bj"呈显示状态。

步骤 7　增加一个新的空白面板,命名为"t4"→使图层面板中将命名为"4"文件夹中的每个图层和"矩形 2""矩形 1"和"bj"呈显示状态。

最后,在"STATES"(状态)面板中就显示了刚才创建的 5 个页面。如图 2.22 所示。

图 2.22

2.4 添加交互和简单动画

创建完项目所需要的组件和页面,接下来就要为项目添加交互和过渡效果了。首先,为用户添加交互从一个页面或组件状态,当用户点击一个按钮可过渡到另一个页面。接着,使用时间轴面板添加和流畅设置,使组件状态之间的能够更完美地交互。

先来熟悉下"INTERACTIONS"(交互)面板,当点击"Add Interaction"(添加交互) **✦ Add Interaction** 按钮后,会弹出一个面板,用户可以通过它添加 "鼠标事件类型" On Click 和"鼠标事件处理类型"。 Play Transition to State 。如图 2.23 所示。

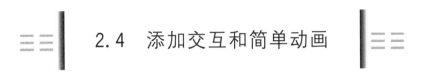

图 2.23

A:当鼠标点击时。

B:当鼠标双击时。

C:当鼠标按下时。

D:当鼠标抬起时。

E:当鼠标滚出时。

F:当鼠标滚动滑过时。

G:当状态跳转时播放过渡动画。

H:播放连续动作。

I:跳转到指定网址。

J:播放视频。

K:暂停视频播放。

L:停止视频播放。

2.4.1　添加简单交互

步骤如下。

步骤 1　在"zhuye"页面中选中"＿1ButtonSkin1"按钮,点击"Add Interaction"(添加交互),鼠标事件类型选择"On Click"(鼠标单击);事件处理类型选择"Play Transition to State"(当状态跳转时播放过渡动画)行为。

步骤 2　在"CHOOSE TARGET"(选择对象)选项中选择"Application"(应用)→对象为"t1"。意思就是当"＿1ButtonSkin1"按钮在"zhuye"页面中,点击就会进入到"t1"面板。如图 2.24 所示。

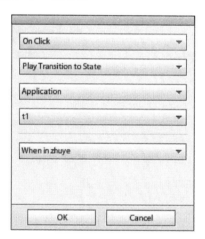

图 2.24

步骤 3　用同样的方法分别为另外 3 个按钮添加类似的交互。选择"＿2ButtonSkin2"按钮,添加鼠标事件类型"On Click",当在"zhuye"页面时,跳转到页面"t2"。

步骤 4　选择"＿3ButtonSkin3"按钮,添加鼠标事件类型"On Click",当在"zhuye"页面时,跳转到页面"t3"。

步骤 5　选择"＿4ButtonSkin4"按钮,添加鼠标事件类型"On Click",当在"zhuye"页面时,跳转到页面"t4"。

步骤 6　在为分页面添加返回主页的交互。让当前状态处于"t1"页面,选择"bj"图片为它添加鼠标事件类型选择"On Click"(鼠标单击)→"CHOOSE

TARGET"（选择对象）选项中选择"Application"（应用）→对象为"zhuye"。如图 2.25 所示。

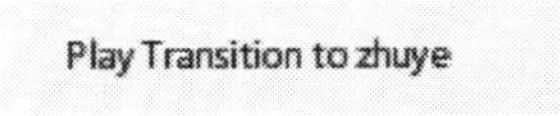

Play Transition to zhuye

图 2.25

步骤 7　用同样的方法分别为另外 3 个按钮添加同样的交互。选择"_2ButtonSkin2"按钮,添加鼠标事件类型"On Click",跳转到页面"zhuye"。

步骤 8　选择"_3ButtonSkin3"按钮,添加鼠标事件类型"On Click",跳转到页面"zhuye"。

步骤 9　选择"_4ButtonSkin4"按钮,添加鼠标事件类型"On Click",跳转到页面"zhuye"。

2.4.2　添加过渡动画

创建和编辑过渡动画、定义动作序列的功能,给页面和状态面板的跳转增加时间,可以使过页面跳转效果变得更加平滑自然。当页面和交互都创建好后,"TIMELINES"（时间轴）面板中就会出现页面跳转信息的选项。如图 2.26 所示。步骤如下。

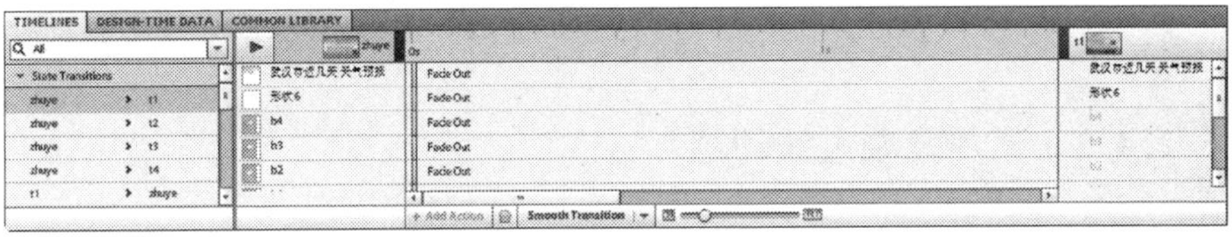

图 2.26

步骤 1　在"State Transitions"（页面转换）中选择"zhuye→t1"页面过渡选项。

步骤 2　单击"Smooth Transition"（平滑过渡） **Smooth Transition** 按钮,添加效果后,时间轴上的"Fade In"（淡入）和"Fade Out"（淡出）过渡动画的时间就会变长。

或者点击按钮旁边的"向下箭头" ,在弹出的"Smooth Transition Option"（平滑过渡选项）中可设置过渡动画的时间和方式。如图 2.27 所示。

A:平滑过渡时间。

B:同时过渡。

C:智能过渡。选择智能过渡,组件的过渡动画是依次完成的。

D:覆盖已有效果。选择覆盖已有效果复选框,会把之前所有设置好的过渡动画全部覆盖。

注意：当把所有的过渡动画都加上平滑过渡效果后，在状态栏前会出现一个"小绿点"。表示已经添加了平滑过渡动画了。如图 2.28 所示。

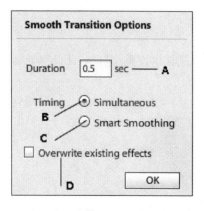

图 2.27

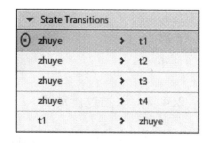

图 2.28

步骤 3 为"zhuye ➤ t2"，"zhuye ➤ t3"，"zhuye ➤ t4"，"t1 ➤ zhuye"，"t2 ➤ zhuye"，"t3 ➤ zhuye"，"t4 ➤ zhuye"等页面添加"平滑过渡"效果。

添加完后，可以通过点击"时间轴"上的"播放" ▶ 按钮来预览效果。

2.4.3 添加复杂过渡动画

为了使项目转化过渡更加生动，可以为对象添加一些复杂动画选项。具体的交互动画在后面的章节中也会有更详细的介绍。

步骤 1 在"State Transitions"（页面转换）中选择"zhuye ➤ t1"页面过渡选项。

步骤 2 选择"b1"，点击"Add Action"（添加动作），在弹出的对话框中选择"Rotate"（旋转）动画，之后就会在"Fade Out"（淡出）过渡动画的下面增加一条"Rotate"（旋转）动画。如图 2.29 所示。

步骤 3 用同样的方法为"b2""b3""b4"添加"Rotate"（旋转）动画。

步骤 4 添加完后，点击"时间轴"上的"播放"按钮来预览效果。可以看出天气按钮在"淡出"的同时是"旋转"的。

步骤 5 在页面"zhuye ➤ t2""zhuye ➤ t3""zhuye ➤ t4"为按钮"b1""b2""b3""b4"添加"Rotate"（旋转）动画。

这样所有的过渡动画就添加完成了。

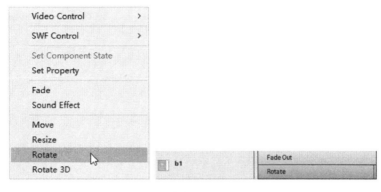

图 2.29

<h1 style="text-align:center">2.5 发布 SWF</h1>

在前期项目都已经制作完成的基础上,最后就可以将完成的项目进行发布,预览最后的效果。

2.5.1 在 Web 中初步预览

这是发布最终版本之前可以在 Web 浏览器工作的最佳做法。这使用户可以更有效地检查项目当前状态和运行效果。步骤如下。

步骤 1 在工具栏中选择"File"(文件)→"Run Project"(运行项目)或是按住键盘"Ctrl+Enter"即可在计算机默认的浏览器中运行。如图 2.30 所示。

步骤 2 关闭预览窗口。

2.5.2 最终发布

步骤如下。

步骤 1 在菜单栏中选择"File"(文件)→"Publish to SWF/AIR"(发布成 SWF 或 AIR)命令。如图 2.31 所示。

步骤 2 在弹出的"Publish to SWF"(发布 SWF)的窗口中选择项目存储的位置→在下面的 5 个选项中,选中前三个选项。如图 2.32 所示。

步骤 3 单击"Publish"(发布)按钮,项目就会被创建到指定的目录中。

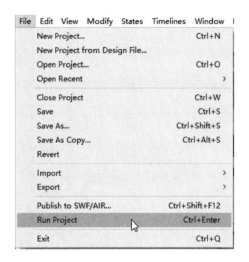

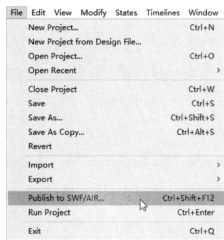

图 2.30

图 2.31

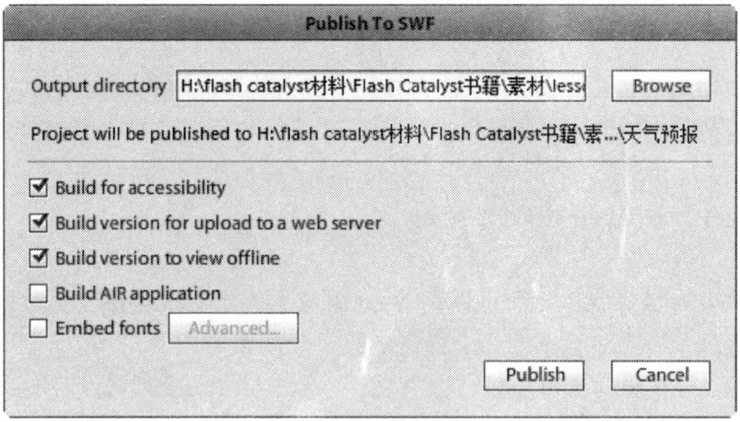

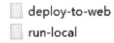

图 2.32

发布后在指定目录就会看到文件夹中有如下两个版本的项目,分别是 "deploy-to-web"(在线版本)和"run-local"(离线版本)。如图 2.33 所示。

deploy-to-web

run-local

图 2.33

步骤 4 单击"run-local"文件夹中的"Main. html"文件,即可在浏览器中观看效果。

第 3 章

Flash Catalyst 与 Adobe 其他软件的结合

3.1 Flash Catalyst 导入文件方法

在 Flash Catalyst 中有以下几种方法，可以让用户的图片导入 Flash Catalyst 中。

方法 1 导入在 Adobe Photoshop 或 Adobe Illustrator 中创建的分层设计文档。但是要注意只能导入 40 MB 大小以内的设计文件，如果文件过大会出现提示框"无法导入"，可以通过批次导入的方法完成文件导入。

方法 2 导入分层 FXG 文件。用户可以从 Adobe Fireworks 和其他 Adobe Creative Suite 应用程序导出 FXG 文件，在导入 Flash Catalyst 中。

方法 3 导入一个或多个位图图像。

方法 4 复制和粘贴图形到 Flash Catalyst 的画板。

方法 5 导入的 SWF 文件。

方法 6 导入 Flash Catalyst 的库包可以获得所需要的多个图片资源。

3.2 Flash Catalyst 中导入 Adobe Photoshop 文件

3.2.1 在 Adobe Photoshop 中编辑文件

为了更加清楚了解上述项目的具体页面布局,下面通过项目在 Adobe Photoshop 中进行演示,分析项目布局和所用素材。步骤如下。

步骤 1 打开 Adobe Photoshop CS6 软件。

步骤 2 选择"文件"→点击"打开"按钮。

步骤 3 在弹出的对话框中选择:"lesson3"文件夹下的"梅花.psd"文件,点击"打开"按钮。可以在图层中看到本项目所需要的所有图片资源。如图 3.1 所示。

步骤 4 在菜单栏中选择"窗口"→点击"图层复合"按钮打开"图层复合"窗口。可以分别点击三个部分的页面"首页""二级""三级",在 Adobe Photoshop 中更加清楚看到三个页面不同的呈现情况。如图 3.2 所示。

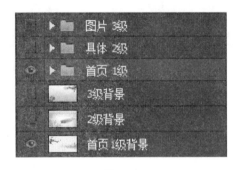

图 3.1   图 3.2

步骤 5 关闭 Adobe Photoshop 窗口。

3.2.2 向 Flash Catalyst 导入 Adobe Photoshop 文件

有许多设计者都偏爱使用 Adobe Photoshop 来进行设计。当可以直接将 PSD 文件置入 Flash Catalyst 之前,先来学习如何在 Adobe Photoshop 中为一个项目构建合理的结构,以使我们在 Flash Catalyst 中得到最佳的创作体验。

完成了在 Adobe Photoshop 中预览项目结构后,下面来完成向 Flash

Catalyst 导入 Adobe Photoshop 项目步骤。

步骤 1 打开 Flash Catalyst CS5.5 软件。

步骤 2 在"Create New Project from Design File"（从设计文件创建新项目）中，单击"From Adobe Photoshop PSD File"（Photoshop 文件导入）。

注意：如果 Flash Catalyst 中已经运行，选择"File"（文件）→"New Project from Design File"（设计文件的新建项目）。用户只能打开一个项目不可以多个项目同时打开。

步骤 3 在弹出的对话框中选择"lesson3"文件夹中"梅花. psd"文件，单击"确定"按钮。如图 3.3 所示。

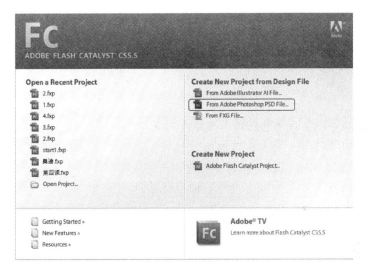

图 3.3

步骤 4 可以根据自己的设计需要，在"Photoshop Import Options"（Photoshop 的导入选项）窗口中选择项目的背景颜色和尺寸，这里保持默认选项。也可以点击"Advanced"（高级）选项，对图层中的"图片"和"文字"进行具体设置。

注意：选择导入非可见图层，即导入所有图层，包括隐藏在 Photoshop 文件的所有图层。如图 3.4 所示。

A：保持可编辑。

B：平滑处理。

C：成组形式。

D：矢量外观。

E：导入不透明图层。

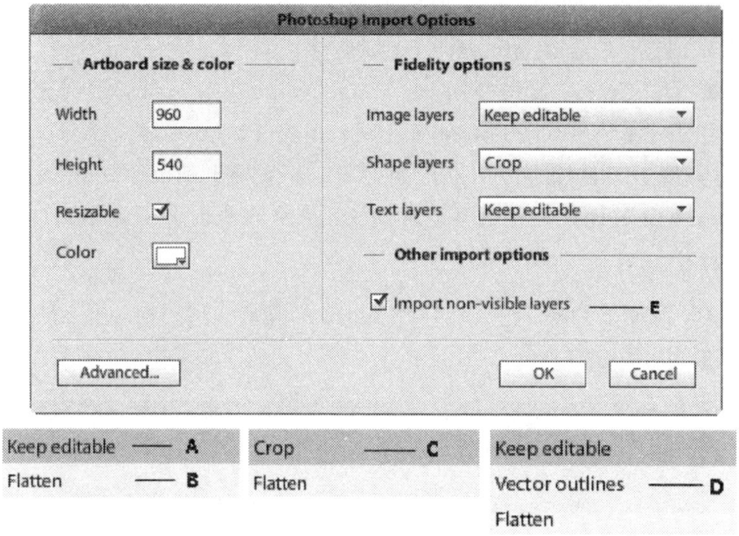

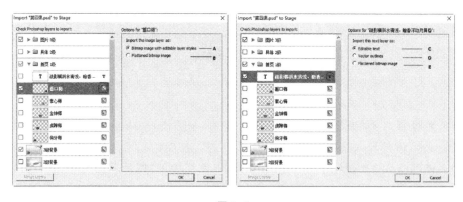

图 3.4

注意:在导入窗口中包括两个部分分别是:"Artboard size & color"(界面尺寸和颜色)和"Fidelity options"(保真度选项)。在"保真度选项"中可以分别对图形、图片、文本图层根据项目需要进行不同的设置。如图 3.5 所示。

图 3.5

A:可编辑位图。

B:平滑的位图。

C:可编辑文字。

D:矢量轮廓。

E:平滑位图。

步骤 5 最后,单击"OK"按钮导入项目。

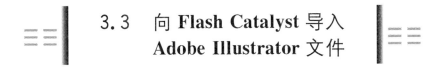

3.3 向 Flash Catalyst 导入 Adobe Illustrator 文件

完成在 Adobe Illustrator 中预览项目结构后,下面来完成向 Flash Catalyst 导入 Adobe Illustrator 项目步骤。

步骤 1 打开 Flash Catalyst CS5.5 软件。

步骤 2 在"Create New Project from Design File"(从设计文件创建新项目)单击"From Adobe Illustrator AI File"(Illustrator 文件导入)。

注意:如果 Flash Catalyst 中已经运行,选择"File"(文件)→"New Project from Design File"(设计样稿的新建项目)。用户只能打开一个项目不可以多个项目同时打开。如图 3.6 所示。

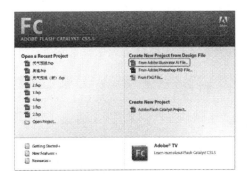

图 3.6

步骤 3 在弹出的对话框中选择"lesson3"文件夹中" "文件,单击"确定"按钮。

步骤 4 根据自己的设计需要,在"Illustrator Import Options"(Illustrator 的导入选项)窗口中选择项目的背景颜色和尺寸,这里保持默认选项。

步骤 5 也可以在右侧的"Fidelity options"(保真度选项)中对导入图层进行更高级的设置。如图 3.7 所示。

A:保持可编辑状态。若将导入的项目设置为"可编辑状态",则作品的保真度有可能会下降或与原设计有所差异。例如,在导入文字时,选择了"Keep editable"(保持可编辑状态)选项,导入 Flash Catalyst 后依然是一个可编辑的文本组件,但是可能会与在 Adobe Illustrator 和 Adobe Photoshop 里设计的外观有所区别。

B:扩大。可以最大程度的还原用户在 Adobe Illustrator 中的设计,并且优

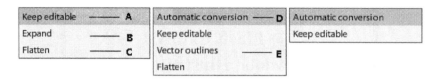

图 3.7

化项目的应用性能。例如,导入了一个带有投影滤镜的矢量图形,在此选项的状态下,Flash Catalyst 就会自动为其投影效果创建一个单独的投影图层置于原图片之上。

C:栅格化。将图片栅格化为位图。

D:自动转换。Flash Catalyst 会根据对象的复杂程度,自动对其判断并选择其合适的状态格式。

E:矢量轮廓。呈现矢量外观,如果一个文本在导入 Flash Catalyst 时处于此状态,这个文本就可再被编辑,只显示与原文件近似的适量外观。

F:导入不可见图层。

G:包含不可用符号。

步骤 6　单击"OK"按钮导入项目。如图 3.8 所示。

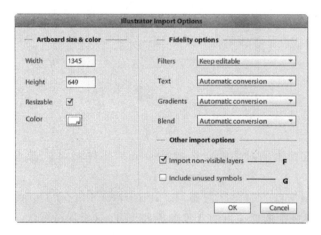

图 3.8

3.4　在 Flash Catalyst 导入 Adobe Firework 文件

在 Adobe 的图像编辑软件中,Adobe Illustrator 擅长创建矢量图,Adobe

Photoshop 擅长编辑位图,但也同时保留了处理矢量图形的功能。而 Adobe Firework 完美整合了处理矢量图和位图的功能。Adobe Firework 采用预览、跨平台灰度系统预览、选择性 JPEG 压缩和大量导出控件,针对各种交付情况优化图像。几乎融合了 Adobe Photoshop 和 Adobe Illustrator 儿乎所有的图形处理功能。

但是对 Adobe Firework 和 Flash Catalyst 结合使用方面,不及于 Adobe Photoshop 和 Adobe Illustrator 那样高的整合度,在参数导入设置方面也没有那样高的精确度,只是单纯地用导入"FXG"文件来实现,且不能进行迭代设计。

导入的方式和以上介绍的向 Flash Catalyst 导入 Adobe Photoshop 和 Adobe Illustrator 文件的方法相同。步骤如下。

步骤 1 打开 Flash Catalyst CS5.5 软件。

步骤 2 在"Create New Project from Design File"(从设计文件创建新项目)中单击"From Adobe Illustrator AI File"(Illustrator 文件导入)。

注意:如果 Flash Catalyst 已经运行,选择"File"(文件)→"New Project from Design File"(设计样稿的新建项目)。用户只能打开一个项目不可以多个项目同时打开。如图 3.9 所示。

图 3.9

步骤 3 在弹出的对话框中选择要导入的文件,单击"打开"按钮。

第 4 章

Flash Catalyst 组件的应用分析

4.1 组件介绍

Flash Catalyst 一个很强大的优势在于它可以把任何设计元素转化成任何需要的组件，并且不需要编写任何语言的代码，从而方便的达到交互效果。如图 4.1 所示。

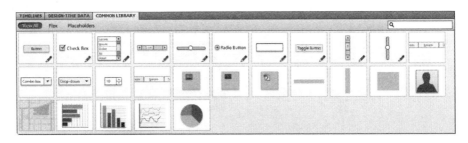

图 4.1

4.1.1 组件的定义

组件是 Flash Catalyst 任何项目的基石，是所有应用程序的可视化控件，如按钮、菜单和滚动条部分，以及交互行为。

当用户创建一个组件时,可以自己根据需要定义视觉元素和交互行为,可以在应用程序中重复使用这些组合。组件也提供了一种应用程序的组元素结合在一起,以便于管理和编辑。

Flash Catalyst CS5.5 提供了一些基础的组件,在"COMMON LIBRARY"(一般库)面板中可以看到里面提供的现成组件。这些组件包含的种类很全面,囊括一般项目中可能需要的各种组件,如"Button"(按钮),"Checkbox"(复选框),"Datalist"(数据列表),"Radio Button"(音频按钮)和"Scrollbar"(滚动条)等。如图 4.2 所示。

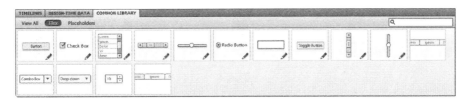

图 4.2

4.1.2 组件的皮肤部件和状态

所有完成的组件都是由皮肤部件和状态组成的。皮肤部件定义为组件的视觉方面。有些组件只有一个组成部分,而有些组件有许多组成部分。其中组件的有些部分在项目需要的情况下是必不可少的,而有些部分则是可选的。

例如一个按钮,同时具有所需的标签、按钮上的文字和一个可选的形状作为背景。滚动条有必要的滑块,用户拖拽部件,以及所需要的轨道,它们也可是使箭头处于任何一端被选。自定义/通用组件始终只有一个单独的部分:在界面上创建组件。

从概念上讲,组件状态是相同的应用程序状态,根据用户所需的交互状态来定义组件的外观,而某些组件有些状态则不能被改变为预定义状态。

案例是一个简单按钮,具有"Up"(鼠标抬起)、"Over"(鼠标滑过)、"Down"(鼠标按下)、"Disabled"(鼠标不可用)4 种状态。当用户第一次创建时,自定义组件会自动创建一个单独的状态,但是用户可以随意根据需要增加新的状态。如图 4.3 所示。

此按钮中包含标签和四种状态:弹起、滑过、按下、不可用。如图 4.4 所示。

步骤如下。

步骤 1 打开 Flash Catalyst 软件。

步骤 2 打开"皮肤部件和状态.fxp"文件,双击打开。

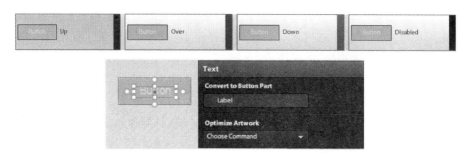

图 4.3

图 4.4

步骤 3 点击"button"状态面板,双击界面上的"Button"按钮,进入独立编辑模式。

步骤 4 点击中间的"button"文本框。

步骤 5 点击"search"状态面板,双击界面上"search"组件,进入独立编辑模式。

步骤 6 点击中间的"search"文本框。如图 4.5 所示。

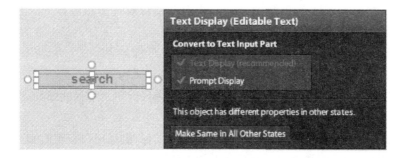

图 4.5

这个搜索输入字段包含:提示显示和文本显示。四种状态是正常、不可用、提示正常、提示不可用。

步骤 7 点击"scrollbar"状态面板,双击界面上"HorizontalScrollbar"组件,进入独立编辑模式。

步骤 8 选中组件。如图 4.6 所示。

这种滚动条中包含四个部分:滑块、轨道、左键、右键按钮。三种状态是正常、不可用、无效。

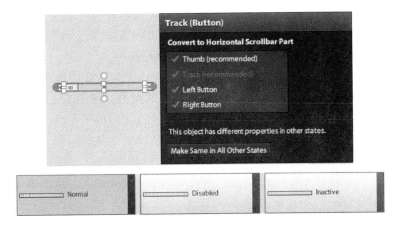

图 4.6

步骤 9 点击"datalist"状态面板,双击界面上"datalist"组件,进入独立编辑模式。

步骤 10 选中组件。如图 4.7 所示。

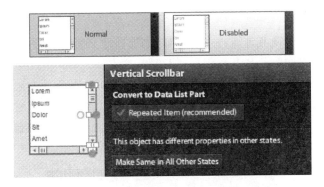

图 4.7

此数据列表中包含一个部分:重复项目。两种状态是正常、不可用。

4.1.3 组件命名介绍

在项目完成后,用户可能会将项目导入 Flash Builder 进行后续的编辑,因此,合理地将组件命名也很重要。在组件命名时,一些容易被开发人员理解的名字是最佳的选择。在命名时要遵循著名的"帕斯卡命名法":

(1)单字之间不可以空格断开或是连接号"-"、下划线"_"连接。

(2)第一个单字首字母一般采用大写;后续单字的首字母亦可用大写字母,如 DataList。

51

还有一种很著名的"驼峰法",是指混合使用大小写字母来构成变量和函数的名字。程序员为了使开发人员间都能够很好的了解代码方便交流,所以多采用可读性比较好的命名方式,如,myName、ourClass 等。

命名方式也很简单,在创建组件时后自动弹出来对话框让用户进行命名,或者也可在"LABRARY"(图层面板)双击组件进行命名。如图 4.8 所示。

图 4.8

4.1.4 组件嵌套

组件可以嵌套在其他组件中。例如,创建自定义组件或通用组件时,用户所在的页面中可以同时包括其他组件,如按钮、文本输入、滚动条,甚至其他自定义或通用组件。

在必要的情况下一些组件中需要其他组件,以实现所期望的行为被嵌套在其中。例如,为了创建一个滚动的数据列表或滚动面板时,必须包括一个滚动条组件作为定义的一部分。如图 4.9 所示。

图 4.9

"嵌套"不仅可用在组件中,在状态中也可互相嵌套使用。当项目中需要很多的转换状态时,页面中的互相嵌套就将出现。我们会在后面的章节中具体介绍。

4.2 创 建 组 件

在创建一个组件实例时,用户无论是从"COMMON LIBRARY"(公共库)

面板中拖拽组件,或是将作品转换为需要的组件,组件都可以被直接创建在 Flash Catalyst 中,并且存在于"Flex"框架中。

用户可以在自己的作品转换为自定义组件或是通用组件时,使用自己作品现有的"Flex"组件的外观。也可以创建从存在的"Flex"框架中已有的公用库里拖拽一个预定义的外观组件的实例到界面上。

4.2.1 公共库中的组件

在"COMMON LIBRARY"(公共库)面板中显示,用户可以在应用程序中使用创建好的"Flex"组件,其中一些组件具有能在 Flash Catalyst 中通过指定箭头进行编辑外观的功能。若是其他组件没有的皮肤,用户可以在 Flash Catalyst 中进行编辑。用户可以将两种类型的组件通过画板的应用程序使用它。如图4.10 所示。

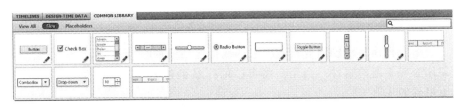

图 4.10

注意:公用库面板还包含了一组"placeholder"(占位符),这不是组件,它是映像线框通用界面元素。

可以编辑皮肤的组件如下。

"Button"(按钮):用于补充基本的交互到项目中。

"Check Box"(复选框):使用一组选项,简单地说,就是可以让用户来"打勾"的组件。

"Data List"(数据列表):在可滚动列表中介绍项目的多个对象。

"Horizontal Scrollbar"(水平滚动条):添加一个水平滚动条到另一个组件来提供滚动功能。

"Horizontal Slider"(水平滑块):一个水平滑块可以为用户提供从值的预定范围选择的能力。

"Radio Button"(单选按钮):用于一组互相排斥的选项呈现给用户。

"Text Input"(文本输入):一个简单的文本字段在其中,用户可以输入值。

"Toggle Button"(切换按钮):在功能上与按钮类似,但直到同组的另一个按钮被选中。切换按钮保留了"选择"的样子。

"Vertical Scrollbar"(垂直滚动条):添加一个竖直滚动条到另一个组件来提供滚动功能。

"Vercical Slider"(垂直滑块):一个竖直滑块可以为用户提供从值的预定范围选择的能力。

它的外观不能被编辑的组件如下。

"Button Bar"(按钮栏):一组切换按钮,通常用于网站导航。

"Combo Box"(组合框):一个下拉列表,让用户从提供的值的列表中选择一个或输入自己的值。

"Drop-down"(下拉):使用者可以从一组提供的值中选择列表。

"Numeric Stepper"(数字步进):允许用户选择由任一键入数字或使用箭头通过一定范围的向上或向下的数值。

"Tar Bar"(标签栏):一组选项卡中,通常用于网站导航。

4.2.2 创建简单组件

当用户将作品给创建成自定义组件或是通用组件时,Flash Catalyst 会选定对象作为一个新的组件。当用户将自己的作品创建为"Flex"组件时,作品将被作为组件的皮肤。

创建的组件将添加到"PROJECT LIBRARY"(项目库)中,并出现在项目库面板中。Flash Catalyst 组件类别将自动把组件的实例替换成用户的作品。该组件是现在是用户项目中的一部分,用户可以共享组件的同一实例到其他页面中,组件的实例也出现在图层面板。

1."Button"(按钮)组件创建步骤

步骤 1　打开"创建组件.fxp"文件,里面包含一些未完成的组件。

步骤 2　选中"button"页面,在"LAYERS"(图层面板)中的"button"文件夹中选中"文本"图层和"背景"图层,这时会出现"HUD"面板。

步骤 3　在"HUD"面板中,选择转换为"Button"(按钮)组件。如图 4.11 所示。

步骤 4　在弹出的对话框中将组件命名为"Button",在图层上也会进行相应改变,即 Button 。

步骤 5　双击"HUD"面板上的任意一个按钮或是双击界面上的"Button"组件,进入组件的独立编辑模式。如图 4.12 所示。

步骤 6　可以看到"STATES"(页面与状态)面板上显示了按钮组件的 4 种状态:"Up"(鼠标抬起)、"Over"(鼠标滑过)、"Down"(鼠标按下)、"Disabled"(鼠标不可用),由一个背景图案和一个"Label"(标签)组成。

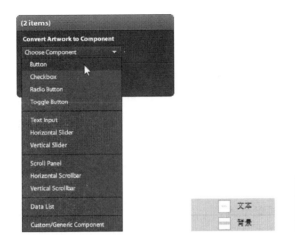

图 4.11   图 4.12

注意:"Label"(标签)选项的作用是当用户要创建很多同样的皮肤但是文字不同的按钮时,只需要复制最初的按钮,在通过改变"Label"(标签)选项就可以实现按钮的不同命名。如图 4.13 所示。

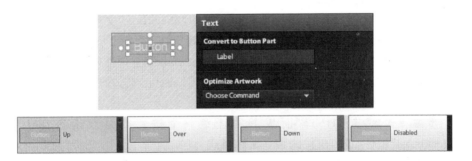

图 4.13

步骤 7　选中"Over"(鼠标滑过)状态,"LAYERS"(图层)面板选择"文本"图层。

步骤 8　在"PROPERTIES"(属性)面板选择"Filters"(滤镜)一栏。

步骤 9　单击"Add Filters"(增加滤镜)后面的➕按钮,在弹出的选项中选择"Glow"(发光)选项。之后会出现对"Glow"(发光)滤镜的属性设置。之后会详细介绍组件的"滤镜"属性。

步骤 10　在属性设置中,设置"Color"为"5380D0","Opacity"(不透明度)为"50"。如图 4.14 所示。

步骤 11　点击"导航条"回到上一页面。

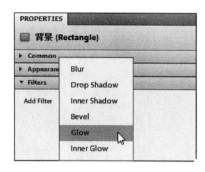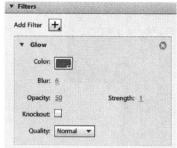

图 4.14

2."Check Box"(复选框)组件创建步骤

当创建数据列表时候,可能会经常使用到"Check box",中文名叫做"复选框",通常用于某选项的打开或关闭。大多数应用程序的"设置"对话框内均有此控件。我们看到的可以"勾选"的就是"Check box"(复选框)。

步骤 1 选中"Check box"页面,界面上有两个"复选框"组件,左边的是由在"COMMON LIBRARY"(公共库)面板中将"Check Box"组件直接拖到界面上的,右边是要自己创建的。

步骤 2 在"LAYERS"(图层面板)中,选中"checkBox"文件夹下的"圆点"图层,"Label"图层和"Ellipse"图层。这时会出现"HUD"面板。

步骤 3 在"HUD"面板中将其转换为"Checkbox"(复选框)组件。

步骤 4 在弹出的对话框中 将其命名为"Checkbox2",在图层上也会进行相应改变。如图 4.15 所示。

步骤 5 双击"HUD"面板上的任意一个按钮或是双击界面上的"Checkbox2"组件,进入组件的独立编辑模式。

步骤 6 可以看到"STATES"(页面与状态)面板上显示了组件的 8 种状态:"Up"(鼠标抬起),"Over"(鼠标滑过),"Down"(鼠标按下),"Disabled"(鼠标不可用),"Selected,Up"(选中抬起),"Selected,Over"(选中滑过),"Selected,Down"(选中按下),"Selected,Disabled"(选中不可用)。还有 2 个部分:背景,"Label"(标签)。如图 4.16 所示。

步骤 7 在前 4 个状态中,将"LAYERS"(图层)面板中"圆点"图层前面的"小眼睛" 👁 处于消失状态,后 4 个状态处于显示状态。

步骤 8 点击"导航条"回到上一页面

这样"复选框"组件就制作完成。可以双击界面左边系统自带的"复选框"组件来观察。

3."Slider"(滑块)创建步骤

一般情况下,一个用户界面可以称之为"Silder"(滑块),也就是滑动组件,分

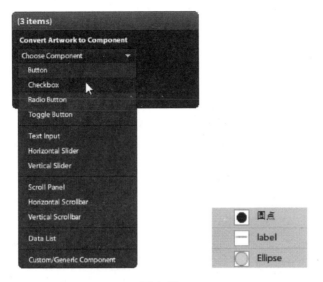

图 4.15

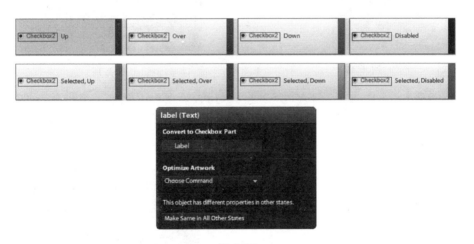

图 4.16

为"Horizontal Slider"（横向滑块）和"VerticalSlider"（竖向滑块）。例如，可以运用它来展示一个"体积的大小或缩放的控制"，使用滑块组件会见到之前我们没有见过的内容。

步骤 1　选中"Horizontal Slider"页面，在"Layer"（图层）面板中的"Horizontal Slider"文件夹中选中"滑块"图层和"轨道"图层。

步骤 2　在"HUD"面板中的"Convert Artwork to Component"（转化成数据列表一部分）下拉选项中选择"Horizontal Scrollbor"（水平滚动条）。如图 4.17所示。

步骤 3 在弹出的对话框中 将其命名为"Horizontal Slider",在图层上也进行相应改变。

步骤 4 在"HUD"面板中单击"Edit Parts"(编辑组件),进入独立编辑模式。如图 4.18 所示。

图 4.17   图 4.18

步骤 5 可以看到"STATES"(页面与状态)面板上显示了组件的两种状态:"Nomal"(正常),"Disabled"(不可用)。还有四个部分:滑块,轨道,左键,右键按钮。如图 4.19 所示。

图 4.19

步骤 6 在界面上选择小的圆角矩形,在"HUD"面板中单击"Thumb"(滑块)选项。

步骤 7 选择长的圆角矩形,在"HUD"面板中单击"Track"(轨道)选项。

步骤 8 点击"导航条"回到上一页面。

这样"水平滑块"组件就制作完成。

4. "Radio Button"(单项选择按钮)创建步骤

"Radio Button"(单项选择按钮)组件为用户提供了两个或多个互斥选项组成的选项集。虽然单选按钮和复选框看似功能类似,却存在着重要差异,当用户选择某个单选按钮时,同一组中的其他单选按钮不能同时选定;相反,却可以选择任意数目的复选框。定义单选按钮组将告诉用户:"这里有一组选项,您可以从中选择一个且只能选择一个"。"单项选择按钮"组件的创建方法和"Check Box"(复选框)组件的创建方式相同。步骤如下。

步骤 1 选中"Radio Button"页面,双击界面上的从"COMMON LIBRARY"(公共库)中拖出的"Radio Button"组件进入独立编辑模式。

步骤 2 观察"STATES "(页面与状态)面板上显示的组件的状态和"HUD"面板上的组件的组成部分。如图 4.20 所示。

步骤 3 点击"导航条"回到上一页面。

5. "Text Input"(文本输入框)创建步骤

当创建一个互动项目的时候,有时需要让用户在项目中输入一些文字信息。比如:想要他们输入电话号码;或者想要他们输入电子邮箱,以便能给他们发送所需的信息。以上这些应用都可以通过"Text Input"(文本输入框)实现。步骤如下。

步骤 1 选中"textInput"页面,在"Layer"(图层)面板中选中"textInput"文件夹下的"Label"图层和"背景"图层。

步骤 2 在"HUD"面板中的"Convert Artwork to Component"(转化成数据列表一部分)下拉选项中选择"Text Input"(文本输入框)。如图 4.21 所示。

步骤 3 在弹出的对话框中将其命名为"TextInput",在图层上也进行相应改变。

步骤 4 双击"HUD"面板上的任意一个按钮或是双击界面上的"TextInput"组件,进入组件的独立编辑模式。

步骤 5 可以看到"STATES"(页面与状态)面板上显示了组件的四种状态:"Normal"(正常),"Disabled"(不可用),"Prompt,Normal"(提示正常),"Prompt Disabled"(提示不正常)。还有"提示显示"、"文本显示"两个部分。如图 4.22 所示。

步骤 6 点击"导航条"回到上一页面。

这样"水平滑块"组件就制作完成。

6. "Scrollbar"(滚动条)创建步骤

"Scrollbar"(滚动条)通常会与"DataList"(数据列表)一起使用。因为滚动条组件可以控制内容的显示位置并按比例指示当前所在位置,所以显示区域有限制时会经常使用滚动条。滚动条分为"Horizontal ScrollBbr"(水平滚动条)和

图 4.20

图 4.21

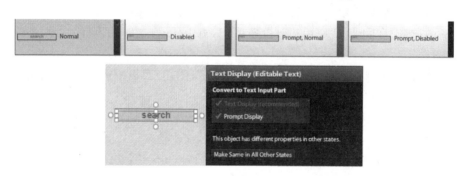

图 4.22

"Vertical ScrollBar"(竖直滚动条),各有自己的事件、属性和方法。滚动条附属于"TextArea"(文本框)、"DalaList"(数据列表)、"ComboBox"(下拉列表框)或"Panel"(面板)的内部。"TextArea"(文本框)和"Panel"(面板)具有"ScrollBar"(滚动条)属性,可以控制滚动条的显示与隐藏。"滚动条"组件的创建方法和"Slider"(滑块)组件的创建方式类似。步骤如下。

步骤 1 选中"ScrollBar"页面,双击界面上的从"COMMON LIBRARY"(公共库)中拖出的"Horizontal ScrollBbr"(水平滚动条)组件或"Vertical ScrollBar"(竖直滚动条)组件,进入独立编辑模式。如图 4.23 所示。

步骤 2 观察"STATES"(页面与状态)面板上显示的组件的状态和"HUD"面板上的组件的组成部分。

步骤 3 点击"导航条"回到上一页面。

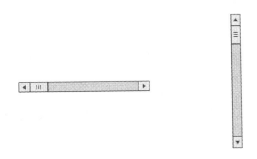

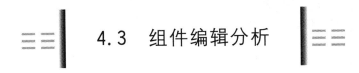

图 4.23

4.3 组件编辑分析

添加组件到画板后,用户可以通过编辑面板进入独立编辑模式,对组件进行编辑并修改其各个部分。当用户进入独立编辑模式时,编辑后的组件都会更改并应用于所有状态。用户在每个状态中任何属性都适用,如不透明度等。

4.3.1 独立编辑模式

除了"自定义组件"和"通用组件"外,所有的组件都能进入编辑预定义状态。"自定义组件"和"通用组件"没有预定义的状态,用户可以根据自己需要增加新的状态。步骤如下。

步骤 1 选择要编辑的组件。如果组件的类型有需要被指定的任何部分,"HUD"面板将显示一条消息,让用户知道需要指定的是哪部分,并提供一键进入"独立编辑"模式。

步骤 2 如果组件没有所需要指定的部分,或者已经指定了所需的部分,"HUD"面板将列出组件的状态按钮。单击任何状态的按钮,都将进入到"独立编辑"模式。在"HUD"面板中,选择要编辑的状态,或者双击组件或组件编辑外观也可进入"独立编辑"模式。如图 4.24 所示。

之后在 Flash Catalyst 进入"独立编辑"模式,界面会通过一个暗淡的画板来表示。组件的状态呈现在界面中,在导航条一栏会显示已打开的组件的名称。

步骤 3 使用图层面板隐藏或显示在每个页面上的组件。

当一个组件处于独立编辑时,有以下几种情况。

• 当用户正在编辑自定义组件或是通用组件时,可以根据自己的需要在

"页面"面板中添加新的空白状态,复制已有的状态或删除的状态。

· 用户还可以在"工具"面板中使用"绘图"工具,或是在"属性"面板中修改每个页面的组件。例如,根据不同组件的不同属性,可以改变大小、笔画、填充和形状,或组件的其他部分的透明度。如图 4.25 所示。

图 4.24

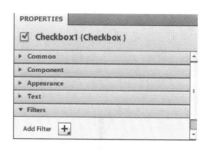

图 4.25

步骤 4　在独立编辑模式中可以改变移动组件的大小。如果用户在修改菜单中选择可自动调整组件边界大小,那么该组件的边界在所有页面状态中都会自动调整。

当自动调整组件边界被关闭时,用户也可以选择在修改菜单中点击"Clip to Component Bounds"(编辑组件边界)来修改组件边界中超出部分的任何部件。如图 4.26 所示。

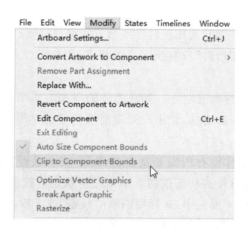

图 4.26

步骤 5　按"Esc"键或单击画板上方的"导航条"中的应用程序的名称,可退出独立编辑模式,还可以在画板上也可通过双击暗淡的区域,或者选择菜单栏中"Modify"(修改)→"Exit Editing"(退出编辑)返回上一页面。

4.3.2 设置组件属性

需要注意的是,当用户编辑一个组件时,对组件的定义是很重要的。对于组件的任何更改都会影响应用程序组件的所有实例。

如果用户要更改组件属性,则步骤如下。

步骤 1 在画板上选择组件。

步骤 2 在属性面板中修改其属性。此时,应用组件属性的改变只适用于当前的状态。

步骤 3 在其他页面上同时修改属性,选择在画板上的组件,并在菜单栏中选择"States"(页面)→"Share to State"(共享页面)→"All States"(所有页面)。如图 4.27 所示。

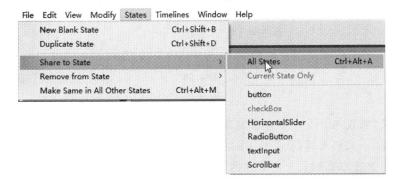

图 4.27

注意:为了使该组件适用于所有实例的变化,当用户使用独立编辑模式编辑组件时,所做的更改将适用于所有页面的实例。

下面以"Data List"(数据列表)组件为例,介绍如何设置组件属性。如图4.28所示。

组件包括如下属性。

1. "Accepts Mouse Events"(接受鼠标)

物体活动起来使鼠标可见。如果取消选择接受鼠标事件,则鼠标事件会通过图层上的顺序面向下一个项目。更改此设置不会改变组件的显示方式。

2. "Transparency Accepts Mouse"(鼠标透明度响应)

鼠标区域对鼠标翻转和点击响应透明的部件或组件范围内。鼠标的响应范围始终是一个矩形(相对于以下的不透明像素的轮廓)。在大多数情况下,所述透明区域下方的对象不再会有鼠标点击反应,因为在顶部的透明组件"阻塞"

图 4.28

它们。

注意:假设用户有一个背景图像覆盖了整个列表区域或文本列表。为了使列表可见,个别列表项(重复项目)则必须有一个透明背景。选中"鼠标透明度响应",让用户可以在列表项中的任意位置可以单击以选中它,而不只是在不透明的文本。

3."Tab Index"(Tab 索引)

控制项目时按"Tab"键可移动键盘焦点的顺序。较低的数字放置项目越早顺序排列。-1表示基于图层面板中的默认顺序。

4."Tab To Focus"(选项卡聚焦)

可以通过"Tab"键给组件键盘焦点。如果该选项取消,则按标签不给组件键盘焦点,必须单击以获得焦点。

5."Tooltip"(提示)

输入文本时,用户与组件交互显示为工具提示。

6."Display As Password"(显示密码)

显示文本字段内容为一系列星号。

7."Editable"(编辑)

在文本输入的文本可以被选中,但取消时不能编辑。

8."Max Characters"(最大字符)

自动调整大小的文本输入控件来容纳字符的具体数目。此属性仅适用于尚未手动调整线框文本输入。

9."Selected Index"(选择指引)

默认情况下列表中选择的项目。第一项是"0",第二项是"1",以此类推。值"－1"表示没有被选中。

10."Focus Ring"(聚焦环)

它具有键盘焦点的控件显示的光环或突出显示的颜色。

11."Hand Cursor"(手形光标)

在滚动使用鼠标对象是否显示手形指针(光标)。

12."Accessible Text"(访问的文本)

描述屏幕阅读器技术对象中的文本。

13."Radio Button Group"(单选按钮组)

一组中只有一个单选按钮可以选择。单选按钮在同一组中,如果此属性被设置为相同的名称。单选按钮可以在同一个组,如果它们被分组,则会在相同的组件内,或者在应用程序级中。

14."Page Size"(页面大小)

光标在滚动条的轨道时,点击移动多远。

15."Step Size"(步长)

滑块点击时移动。在滑块中,长按箭头键控制滑块移动多远。

16."Snap Interval"(捕捉间隔)

强制滑块在滚动条的增量移动而不是平稳移动。页面大小和步长总是为捕捉间隔的倍数。

4.3.3　调整组件大小定义

如果用户想要调整组件,编辑组件的定义,那么要调整该组件的所有实例。如果该组件的所有实例都为原来的大小,这意味着在没有手动调整的情况下,会简单地调整,以匹配新的组件指标。

但是,如果用户已经调整或受限于在画板上两侧的组件的任何实例,则Flash Catalyst 会弹出一个对话框,警告:当离开编辑独立编辑模式时,已经调整实例。在这种情况下,实例将不调整,相反,组件内的作品将被调整。

如果移动或旋转部件内的对象,则使得作品变化的整体尺寸会发生同样的问题,Flash Catalyst 会显示出作品的整体尺寸的边框。所以当用户在独立编辑模式工作时,可以直观地看到,如果做任何更改则将改变尺寸。

如果有需要，由于调整的定义使组件的实例变得扭曲，则可以选择作品，然后在"PROPERTIES"（属性）面板上点击重置为"Reset to Default Size"（默认大小）按钮来调整实例，以匹配定义的大小。如图 4.29 所示。

图 4.29

4.4　调整应用程序和组件

在 Flash Catalyst 中，用户可以创建一个方便调整大小以适应不同屏幕的尺寸，或者响应用户调整其他屏幕应用。包含在应用程序内的组件可以设置为应用程序调整大小的动态调整。

下面设置一个应用程序来调整。

（1）选择在新建项目对话框中的可调整画板。

（2）选择"Modify"（修改）→"Artboard Settings"（画板设置），然后选择可调整的画板。如图 4.30 所示。

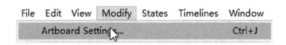

图 4.30

而在一个可调整大小的应用程序时，用户可以通过在画板的右下角拖动调整大小预览手柄 ，以测试你的应用程序外观的不同尺寸。如图 4.31 所示。

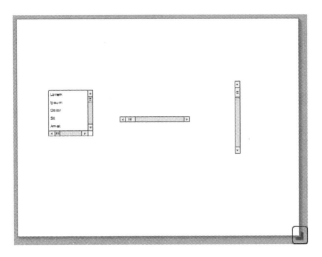

图 4.31

4.4.1 使用约束创建可调整大小的组件

组件可以通过设置限制进行调整。约束附着到其"父对象"侧组件的特定侧,使所述组件可以调整"父对象"的大小。

组件在编辑时,直接"子对象"会显示在画板上,在选中时进行约束处理。当在编辑组件时,组件是被编辑显示手柄组件的直接"子对象"。点击要设置约束的"侧约束"句柄◎。根据自己的需要可以设置尽可能多的"连接"。用户还可以通过右键单击组件并选择添加约束到所有选定对象,以快速设置四面约束。如图 4.32 所示。

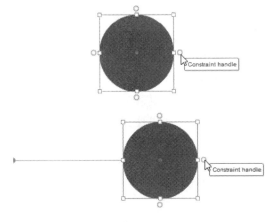

图 4.32

删除约束的方法如下。

方法 1 点击"父对象"组件的约束句柄删除约束。

方法 2 右键单击组件,然后选择"Remove Constraints"(移除约束)。

方法 3 选择立刻删除所有的约束:在菜单栏中选择"Modify"(修改)→"Constraints"(约束)→"Remove All"移除所有约束。如图 4.33 所示。

大多数约束调整基于所述组件与"父对象"边缘位置的组件,这被称为一个固定约束。但是,用户也可以使用约束中央,这样就限制了组件的中心,从而导致元件移动时,尽管"父对象"被调整,但也不会调整自身。可以通过"约束句柄"→右键单击→选择中心更改"中心约束"。如图 4.34 所示。

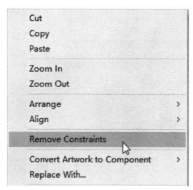

图 4.33

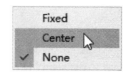

图 4.34

调整组件无约束:如果手动调整画板上的一个组件,该组件的"子对象"没有约束设置,则该组件的边框将被调整,但"子对象"既不会调整也动弹不了。这时"HUD"面板将显示一条消息,告知用户该对象是固定的大小,若想调整内容大小,则需要编辑和修改应用的约束。

调整组:一组约束的位置相对于"组"的定义到它的"父对象",而不是其尺寸。对于对立的双方,"组"不能有设定的限制。因此,如果在一"组"的左侧设置了约束,然后尝试在右边设置一个约束时,左边的约束将被自动删除。可以设置一个顶部或底部的约束,但不能同时使用。

如果希望"组"可调整大小,必须取消它并将其转换为一个自定义组件。"组"的"子对象"不能设置限制。如果使用直接选择工具在"组"中选择一个项目,它不会显示约束句柄。

4.4.2 使用组件管理布局

首先,当创建的项目中有很多复杂的对象时,用户可以把组件归类,将同一类的组件放进一个组中方便管理。"布局"就是针对"组"的一类专门属性。

用户可以在"PROPERTIES"(属性)面板中从 Flex 框架中的 4 个布局中选择一个来管理一组的布局。如图 4.35 所示。

下面先来创建一个组。步骤如下。

步骤 1 打开"创建组件. fxp"文件。

步骤 2 选择"STATES"(状态与页面)面板,选择"Scrollbar"页面。

步骤 3 将界面上的"Horizontal ScrollBbr"(水平滚动条)组件和"Vertical ScrollBar"(竖直滚动条)组件一起选中。

步骤 4 右键单击选择"Group"(成组),或者在菜单栏中选择"Modefy"(修改)→"Group"(成组),也可以按下快捷键"Ctrl"+"Enter",将两个组件组成一个"组"。如图 4.36 所示。

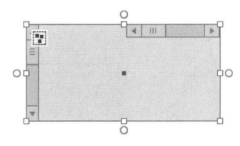

| Absolute | Vertical | Horizontal | Tile |

图 4.35   图 4.36

步骤 5 在"PROPERTIES"(属性)面板中对"组"的参数进行设置。如图 4.37 所示。

参数说明如下。

"Absolute"(绝对):默认布局选项,让用户可以自由地在"组"内部移动和定位的项目。

"Vertical"(垂直):使组内的项目垂直布局。提供一个设置来改变每个项目或围绕每个对象的填充之间的间距。

"Horizontal"(水平):使组内的项目水平放置。提供了一个设置来改变每个项目或围绕每个项目的填充之间的间距。

"Tile"(平铺):使组内的项目平铺放置。提供选项调整平铺的方向,组件的每一个单元内的取向及垂直和水平之间的间距。

注意:当选择垂直选项时,所有项目的高度将改变为一个百分数,以确保所有的项目将具有相等的高度。当选择水平选项时,宽度都将设置为百分数。如果用户不希望项目有相同高度或宽度,需要在 Flash Builder 打开项目,并直接编辑代码。

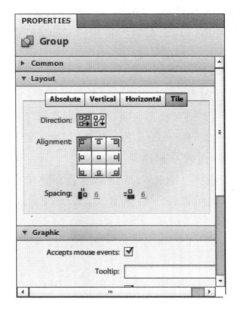

图 4.37

一旦选择垂直、水平或平铺管理布局为一组,将不能再选择组内的单个项目。该组内的组件仍然会显示图层面板上,但有一个额外的图标"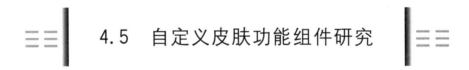",表明它们是管理布局的一部分。该组中选择层之一是可能的,但是在属性面板将是空白的,因为是不能编辑的项目。可以重新排列组中项目的堆叠顺序,但不能拖动任何组件离开组。

4.5 自定义皮肤功能组件研究

Flash Catalyst 有很多自带的各种线框组件和定制的可转换作品为一组的预定义组件。许多应用程序需要自定义组件。

开发人员也可以在 Flash Builder 创建自定义组件,更注重它的结构和行为。通过定义 Flash Builder 中的组件作为自定义皮肤组件,最后在 Flash Catalyst 导入组件,设置自定义皮肤组件。

4.5.1 设置自定义皮肤组件(带占位符外观)

在"COMMON LIBRARY"(公用库)面板中的"Placeholders"(占位符)中包

含了一组常用的对象占位符组件。在许多情况下，这些占位符将留在原 Flash Catalyst 的项目工作中，并最终由在 Flash Builder 中开发来替代。也可以用它们作为临时占位符来测试布局，等待最后的设计。如图 4.38 所示。

图 4.38

A:图片。

B:视频。

C:SWF。

D:广告单元，排行榜(尺寸为 728×90)。

E:广告单元，Skyscapper(120×600)。

F:广告单元，标准(300×250)。

G:头像。

H:地图。

I:条形图。

J:柱形图。

K:折线图。

L:饼状图。

设计人员和开发人员应该统一认识，并在必要的部分、状态和行为命名讨论组件所需的功能。

开发人员首先在 Flash Builder 中创建自定义皮肤组件的工作流程。有关创建自定义外观的组件的详细步骤(开发人员)，请参阅使用 Flash Builder 创建 ActionScript 皮肤组件。设计师然后导入自定义皮肤组件到 Flash Catalyst 中，并编辑"皮肤"或视觉外观。

当开发人员将自定义换肤功能组件的占位符的皮肤导入到 Flash Catalyst 的项目库面板中。带有自定义皮肤组件的占位符的皮肤被认为是最好的自定义皮肤组件，因为它有助于细化组件的用途，并使设计可视化。

用户可以在任何一个"FXP"或"FXPL"文件接收自定义换肤功能组件。如果它们被包含在一个"FXP"文件中，只需打开该文件在 Flash Catalyst 的项目。如果它们在一个"FXPL"文件中，请按照下列步骤操作。

步骤 1 把项目打开，单击库面板上的"Import Library Package(.fxpl)"导

入库包(.fxpl)。如图 4.39 所示。

步骤 2 选择定义具有自定义皮肤组件"FXPL"文件。

步骤 3 自定义皮肤组件出现在项目资源库中,并可以拖动到画板。

步骤 4 根据需要在画板上放置组件。可以通过双击该组件进行独立编辑。

步骤 5 如果自定义皮肤组件包含不应该在 Flash Catalyst 中编辑的代码,会看到消息提醒注意这一点。

4.5.2 设置自定义皮肤组件(不带占位符外观)

用户将用于创建自定义皮肤组件的素材导入到 Flash Catalyst 再转换为自定义皮肤组件工作。步骤如下。

步骤 1 在用户的 Flash Catalyst 项目中导入或创建所需组件的外观的素材。

步骤 2 将导入的项目拖到界面上,并处于选中状态。

步骤 3 在"HUD"面板中选择"Custom/Generic Component"(自定义/通用组件)。如图 4.40 所示。

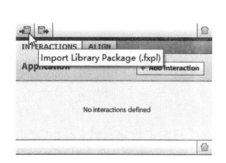

图 4.39　　　　　　　　　　　　图 4.40

步骤 4 在弹出的命名对话框中,根据开发人员的命名原则对组件进行命名。

步骤 5 点击"HUD"面板的任意部分进入组件的独立编辑模式,对组件进行编辑。

第 5 章

Flash Catalyst 工具箱应用

5.1 工 具 面 板

Flash Catalyst 中包括快速创建应用程序原型或实物模型的工具。

当需要把许多零散的设计元素按一个整体来布局或优化图层结构时,经常会使用"组"。组其实就是把许多零散的元素组合成一个整体的操作,这样会使我们的操作变得简介、方便。只需要按住"Shift"键,选中需要的组合设计元素在"Modify"(修改)菜单中选择"Group"(组)命令或"Ctrl"+"G"组合键即可将选中的元素成组,后面会详细介绍。

例如,预先构建占位图形可以用来快速指示的介质尺寸,绘图和文字工具可以用来快速创建和修改基本形状和文字,或编辑线框组件。如图 5.1 所示。

A:选择。

B:直接选择。

C:旋转。

D:文字。

E:矩形。

F:圆角矩形。

G:椭圆。

H:三角形。

I:六边形。

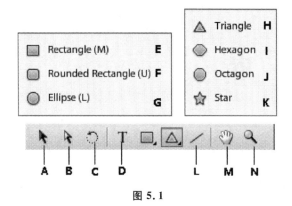

图 5.1

J：八边形。

K：星形。

L：线。

M：手形。

N：放大镜。

说明如下。

"Select"（选择）：选择和移动分组或取消组合的对象。可以使用选择工具来选中，调整组件的位置和尺寸，可以使用户轻松地控制设计布局。

"Direct Select"（直接选择）：可以直接对组件内部的元素进行调整，也可进行位置和大小的调整。

"Transform"（旋转）：用来旋转对象。可以根据需要在任意位置进行旋转。

"Text"（文字）：在界面上进行文字显示。

"Rectang"（矩形）：完成在界面上"矩形"的矢量绘制。按住"Shift"键可绘制"正方形"。

"Rounded Rectang"（圆角矩形）：完成在界面上"圆角矩形"的矢量绘制。

"Euipse"（椭圆）：完成在界面上"椭圆"的矢量绘制。按住"Shift"键可绘制"圆形"。

"Triangle"（三角形）：完成在界面上"三角形"的矢量绘制。

"Hexaon"（六边形）：完成在界面上"六边形"的矢量绘制。

"Octagon"（八边形）：完成在界面上"八边形"的矢量绘制。

"Star"（星形）：完成在界面上"星形"的矢量绘制。

"Line"（线）：完成在界面上"线"的矢量绘制。按住"Shift"键绘制垂直、水平或 45°线。

"Hand"（手形）：用来移动画布。按下"空格"键就可随意拖拽画布位置。

"Zoom"（放大镜）：用来缩放画布大小，也可按下"Z"键或"Ctrl"+"－／＋"组合键来实现缩放功能。

5.2 属性面板

不同的对象有不同的属性,在 Flash Catalyst 中大约分为以下几种对象:矢量图形对象,位图对象,文本文字对象,组件对象,声音对象,视频对象。每种对象都有自己特有的属性,但是也有以下几种共同的属性:"Common"(一般属性),"Appearance"(显示属性),"Filters"(滤镜)。重点介绍以上属性。如图 5.2 所示。

这节将重点以矢量图形对象为例来介绍以上三种属性,并结合之前的知识,来加强大家对这些属性的理解。

选中工作区中的图形元素,"属性"面板位于界面的右下角,为了工作起来更加方便,双击"图层"面板和"交互作用"面板,关闭它们,给属性面板以更大的空间。

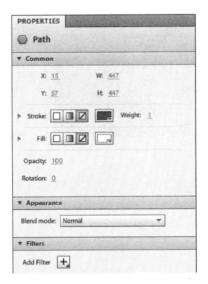

图 5.2

5.2.1 "Common"(一般属性)

在"一般属性"面板中有关于图形的各种类型的属性设置,有位置上的"X""Y"确定界面位置属性,还有"W""H"的宽高设置。只需要单击选中数值进行修改,就可以将对象改变成特定的大小。同时也可直接在界面上用鼠标进行"拖拽""移动",也可进行位置和大小的修改。

(1)"Stroke"(笔触):主要是为对象的外边框线条添加颜色。如图 5.3 所示。

图 5.3

"笔触"有三种选项:"颜色","渐变","不添加笔触"。

在选择添加笔触有颜色时,就会下方的选项对其进行更详细的设置。用户也可直接在后方的颜色拾取器中直接选择颜色。如图 5.4 所示。

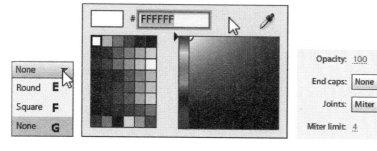

图 5.4

A:透明度。

B:端盖。

C:节。

D:斜接限制。

E:圆。

F:正方形。

G:没有。

在选择渐变笔触时,下方会有对其的详细设置。用户可以通过自己拖动滑块进行渐变设置。如图 5.5 所示。

H:颜色轻重。

I:回转。

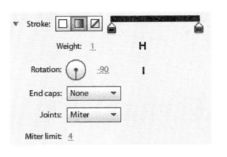

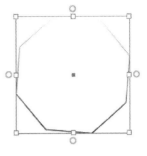

图 5.5

J:斜角。

K:斜切。

（2）"Fill"（填充）:主要是为对象的形状内部添加颜色。如图 5.6 所示。

图 5.6

"填充"同样也有三种选项:"颜色","渐变","不添加填充"。

（3）"Opacity"（透明度）:范围为 0～100,"0"表示透明,"100"表示完全不透明。当透明度设置为"50"时,图片就是半透明状态。如图 5.7 所示。

图 5.7

5.2.2 "Appearance"（显示属性）

在显示属性中,有一个重要的选项:"Blend mode"（混合模式）。如图 5.8 所示。

混合模式被用来确定对象如何分层融合在一起。它有助于以下颜色可视化混合模式的效果方面。

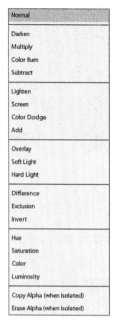

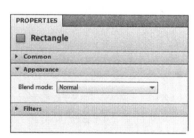

图 5.8

①基本颜色是原来的颜色。

②混合色在它上面的层施加的颜色。

③结果色从混合所得的颜色。

说明如下。

"Normal"(正常):绘制与混合颜色的选择,不与基色相互作用。这是默认模式。

"Darken"(变暗):选择基色或混合色中较暗的作为结果颜色。比混合色亮的被替换,比混合色暗的不改。

"Multiply"(乘):乘以混合颜色的基本颜色,结果颜色始终是较暗的颜色。乘以黑色任何颜色产生黑色。乘以白色则不变任何颜色。

"Color Burn"(颜色加深):调暗基色以反映混合色。与白色混合后不产生变化。

"Subtract"(减去):看起来在每层中的颜色信息,减去从基准颜色的混合色。在 8 位和 16 位图像中,由此产生的任何负值被归零。

"Lighten"(减轻):看起来在每个通道中的颜色信息,选择的基础色或混合色作为结果色彩。像素比混合色暗的更换,像素比混合色亮的不改。

"Screen"(筛子):相乘混合色和基色的倒数,由此产生的颜色总是较亮的颜色。用黑色过滤时颜色保持不变。用白色过滤时将产生白色。

"Color Dodge"（颜色减淡）：使基色变亮以反映混合色，与黑色混合没有变化。

"Add"（补充）：查看每个层中的颜色信息，并使基色变亮，以反映增加亮度混合色。与黑色混合没有变化。

"Overlay"（覆盖）：相乘或屏幕的颜色，这取决于基色。图案或颜色叠加在现有的图像，保留了亮点和基色的阴影，而在混合色混合以后反映原始颜色的深浅。

"Soft Light"（柔光）：调暗或亮的颜色，具体取决于混合色。其效果类似于图像发散的聚光灯照。如果混合色（光源）比 50％ 灰度，作品被点亮，就好像它是回避。如果混合色比 50％ 灰度，图像变暗。

"Hard Light "（强光）：乘上或屏幕颜色，具体取决于混合色。其效果类似于耀眼的聚光灯照。如果混合色（光源）比 50％ 灰度，作品被点亮，就好像它是筛选。如果混合色比 50％ 灰度，图像变暗。这是添加阴影。

"Difference "（差）：减去无论是从基色混合色或从混合色的基色，这取决于其具有更大的亮度值。与白色混合将反转基色值，与黑色混合没有变化。

"Exclusion "（排除）：创建对比度比差值模式类似，但较低的影响。与白色混合将反转基色分量，与黑色混合没有变化。

"Invert"（反转）：反转基色和混合色。

"Hue"（色调）：创建具有基色的亮度和饱和度，以及混合色的色调产生的颜色。

"Saturation"（饱和度）：创建具有基色的亮度和色相，以及混合色的饱和度产生的颜色。这种模式在没有饱和度（灰色）的区域绘画不会产生变化。

"Color"（颜色）：创建具有基色的亮度和色调和饱和度混合色的产生的颜色。这保留了图像的灰阶，并对着色单色艺术品和着色颜色艺术品有用。

"Luminosity"（亮度）：创建具有基色的色相和饱和度，以及混合色的亮度产生的颜色。

"Lighter Color "（颜色较浅）：比较总的混合色和基色的所有值并显示值较高的颜色。颜色较浅时不产生第三颜色。它选择从基色和混合色的最高值来创建结果颜色。

"Darker Color "（较深颜色）：比较总的混合色和基色的所有值，并显示较低值的颜色。较暗颜色不产生第三颜色。它从基色和混合色来生成结果，颜色都选择了最低值。

"Copy Alpha（when isolated）"（复制阿尔法（隔离时））：适用的 α 或透明遮罩。

"Erase Alpha（when isolated）"（擦除阿尔法（隔离时））：删除所有基准颜

色像素,包括背景图像中的颜色。

5.2.3 "Filters"(滤镜属性)

单击"Filters"(滤镜)面板的"Add Filters"(添加滤镜)的 ➕ 按钮,就会看到下拉菜单中有一些选项。如图 5.9 所示。

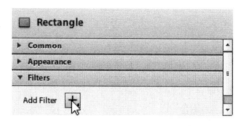

图 5.9

当每个效果被添加到对象上去,都可调节它的不同参数,达到预期效果。如图 5.10 所示。

A:模糊。

B:阴影。

C:内阴影。

D:斜角。

E:外发光。

F:内发光。

如图 5.11 所示。以"阴影"滤镜为例,介绍其中特性如下。

"Color"(颜色):选择过滤器的颜色。单击颜色框打开拾色器并选择一种颜色,或使用吸管拾取样品中的画板的颜色。

"Distance"(距离):设置阴影延伸超出对象的边缘。

"Angle"(角度):更改阴影或斜角相对于对象延伸的角度。

注意:使用不同的距离和角度的投影滤镜来改变灯光的感知方向。

"Blur"(模糊):增加模糊,给过滤器柔和效果。

"Opacity"(不透明度):更改过滤器的不透明度,给它一个更真实的外观。

"Strength"(强度):更强的设置使过滤器更加明显,但可以使它看起来不太真实。

"Knockout "(解除):解除隐藏原始对象,但仅当对象是可见的,将可以看到过滤器的部件。

"Hide Object "(隐藏对象):隐藏对象,并且超出了显示的滤镜范围。

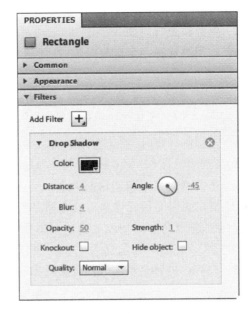

图 5.10　　　　　　　　　　　　　　　　图 5.11

　　注意：有一个已知的 bug，会导致过滤效果相对于其对象大小改变变焦倍率时不正确。栅格化对象可以导致过滤器移动位置有偏差，效果会以 100％ 放大率正确显示。

5.3　编辑操作项目对象分析

1. 选择和定位对象

直接选择工具和选择工具是在 Flash Catalyst 中经常使用的工具。

- 拖动所选对象，将其移动在画板。当移动对象时，按住"Shift"键可以沿着水平或垂直路径移动。

- 选择一个对象，并在属性面板中更改其位置值（X / Y）可以准确定位对象。

- 当在主应用程序画板定位对象，X 和 Y 的值都相对画板的左上角。左上角表示 X 为 0 和 Y 为 0。

- 在"独立"模式中，X 和 Y 的值是相对于组件边界。

- 分组对象后，其"子对象"的 X 和 Y 位置是相对于该组件的左上角。用户可以按键盘的方向键进行 1 个像素的上、下、左、右的轻微移动，或按住

"Shift"键的同时按方向键可轻微移动对象 10 个像素。

2. 缩放和旋转对象

• 当用户选择一个对象时,选择句柄出现。句柄可以拖拽大小沿着物体垂直方向,水平方向或对角线方向。如图 5.12 所示。

注意:用户不能添加、删除在 Flash Catalyst 路径上编辑点。但可以在 Adobe Illustrator 中启动和编辑对象。

• 当调整对象时,拖动选择句柄时按住"Shift"键可以保持目前的高宽比来缩放对象大小。按住"Alt"键(Windows)或"Option"键(Mac)时,可以从对象的中心,而不是从对边或角来调整大小。

• 使用变换工具旋转和缩放选择对象。首先选择对象,然后选择变换工具缩放对象。拖动选择句柄缩放对象。要旋转一个物体,将指针放在对象上并拖动。当想要旋转的旋转限制为 45°时,可按住"Shift"键。还可以使用旋转工具移动的转换点,也就是将在其周围的对象旋转。如图 5.13 所示。

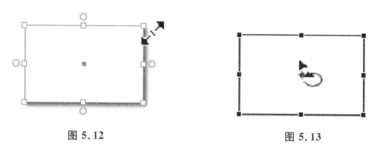

图 5.12   图 5.13

• 按住"Ctrl"键(Windows)或 Command 键(Mac)来在变换和选择工具之间切换。

缩放组件单独使用"独立编辑"模式,或全部在 Adobe Illustrator 中编辑。

5.4 修改绘图和文本属性探究

使用文本工具可以创建以下三种类型的文本。

(1)"Point Text"(点文本):不自动换行,文本延伸,以适合所有文本。要增加一行,可以按"Enter"键(Windows)或"Return"键(Mac)来插入一个换行符。

(2)"Area Text"(区域文本):占用固定宽度和高度的边界框。文字不会大于指定的宽度和高度。但也可以输入手动换行符。如果文本没有在框中完全显示，剩下的是隐藏的。溢出图标会出现在边框的底部。单击菜单图标更改为适合高度的文本，则该边框高度自动调整。如图 5.14 所示。

图 5.14

（3）"Fit　Height"（适合高度）：文本有固定的宽度而高度可变的区域。文本停留在边框的宽度内，可以自动换行，还可以插入手动换行符。区域的高度会自动增长，如果需要的话，可以适合所有文本。

• 选择文字工具，并在画板中点击或拖动。

• 单击在画板文字工具放置插入点，并创建点文本。

• 在拖动画板文字工具创建区域文本。有两种方法来调整文本边框，双击揭示了以下四种选择句柄。拖动句柄来调整边框；或者使用选择或直接选择工具选中文本边框；选择框将显示选择句柄，拖动来调整边框。

• 从一种类型更改文本对象到另一个对象，请使用选择或直接选择工具选择边框。在属性面板中，选择点文本、区域文本或"适合高度"。

• 调整"适合高度"的文字，把它转换成文本区。

注意：用户也可以从外部资源复制文本，然后将其粘贴到画板。复制的文本不会保留其原始格式。

用户可以通过"LRBRARY"（属性）面板设置文本格式。

• 要格式化的文本：选择其中的文本边框，并指定在属性面板。

• 要格式化的边框内文本的一部分：文本边框内双击，然后突出显示要格式化的文本，设置的属性只适用于"高亮"显示的文本。

• 要更改文本颜色：选择文本，然后单击属性面板的颜色框打开拾色器。选择新的颜色，或者使用吸管工具样品中的颜色。如图 5.15 所示。

说明如下。

"Font"（字体）：更改字体和样式，如粗体或斜体。

"Size"（大小）：选择尺寸从 1 到 720 的文本。

"Underline"（下划线）：文字应用下划线。

"Strikethrough"（删除线）：略。

"Alignment"（对齐）：对齐其边框中的文本，选择"左""右""中心""对齐"。如图 5.16 所示。

"Baseline Shift"（基线偏移）：设置相对于其基准文字的位置。在"无""上标"或"下标"之间进行选择。

"Kerning"（字距）：调整字距，可以把某些字符组之间的间距调整，提高可读性。

"Line Height"（线高度）：调整每行文本之间的空间。可以在像素特定的大

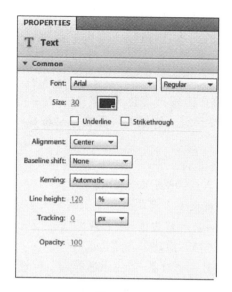

图 5.15

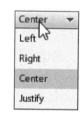

图 5.16

小或选择其当前字体大小的百分数。

"Tracking"（跟踪）：字距跟踪是在不同的空间的文件和整个文本块组的调整。使用跟踪更改文本的整体外观和可读性。

"Padding"（填充）：创建文本和其边框周围的边缘之间的空间。

5.5 使用工具优化设计图

在 Flash Catalyst 中，优化图形包括以下几种：把矢量图转化为位图，压缩图形资源，把嵌入程序的图片转为链接图片。

由于采用 Flash Catalyst 构建的应用程序将最终发布到 Flash Player 或 AIR 运行，会让应用程序加载迅速优化使用的图形是重要的。创建最小的 SWF 输出文件作为目标将更有利于项目。

如果作品的 SWF 输出尺寸较大，会使项目表现不佳，这很可能是由于以下原因。

• 过于复杂的矢量图形。

• 不必要的高分辨率光栅图像。

• 大型嵌入式图像文件。

Flash Catalyst 具有用于优化矢量图形和光栅图像的命令，以及嵌入图像文件转换为链接图像文件的命令。所有这些命令都可以通过对"HUD"画板上进行选择设置。如图 5.17 所示。

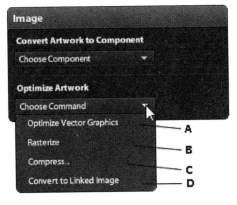

图 5.17

A:优化矢量图形。

B:栅格化。

C:压缩。

D:把程序嵌入图片转换成链接图片。

说明如下。

"Optimize vector graphics"(优化矢量图形):会把选中的图形编译成低级别的 Flash 对象,这样就可以快速地在运行时显示。优化之后的图片在 Flash Catalyst 中不可以再使用"编辑笔画"和"填充"等属性。被优化过的矢量图形文件,所有的 MXML 信息都会被保存在"FXG"文件中。

"Rasterize"(栅格化):可以把一个固定的矢量图形输入文本转换成位图。它会把画布上的文件转化成"PNG"文件,然后复制到"库"面板中。因此经常被用到优化固定的矢量图或文本文件中。

"Compress"(压缩):压缩优化的位图,压缩后将自动生成质量较低的位图副本,并保存到资源库中。如果这个位图有使用渐变效果的话,压缩操作将使渐变效果失效。

"Convert To Linked Image"(把程序嵌入图片转换成链接图片):默认情况下 Flash Catalyst 导入的图片资源会在发布时被嵌入到应用程序中。链接图片可以减小应用程序的体量,这样图片在发布时就不会被编辑到"swf"文件中,而是在程序的外部,这样程序就可以在运行时动态加载这张图片了。

第 6 章

Flash Catalyst 页面操作探讨

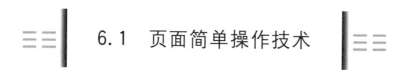

6.1 页面简单操作技术

在 Flash Catalyst 中，所有的应用程序都会使用页面来展示项目的内容，每个页面里基本都包含了几种互相交互的组件。用户可以通过鼠标交互去浏览界面中的页面或组件的视图，并修改以达到自己的需要。浏览的视图称为"State"（状态）。

富媒体应用程序可以把许多动态信息塞进有限的屏幕空间内，而我们设计应用程序的目标是尽可能地保持界面的简洁，而且可以让用户非常容易地找到他们需要的信息。这就需要对应用程序做非常细致的规划，把内容尽可能地分类并整理归纳到不同的视图里去。视图的内容由许多交互组建构成的，比如窗口、菜单、列表等，这些组件都有许多有趣的功能，它们可以扩展或收缩，节约更多的显示空间，以显示更多的信息内容。

6.1.1 页面状态类型

几乎所有的富媒体应用程序都使用超过一个页面来展示它们的内容，每一个页面基本上都包含了几种交互组件。比如导航菜单、滚动面板、按钮、多媒体控制组件等。用户通过鼠标交互去浏览页面或组件的视图，我们称为"State"（状态）。在 Flash Catalyst 中，有两种类型的"状态"。

页面状态：页面状态就是通常说的页面，是呈现应用程序的最高的显示级别。用户可以通过"LABRARY"（图层）面板来控制页面的视图显示。

　　组件状态：表单视图状态可能包括交互式按钮触发交互。这些按钮组件还可以具有的状态，通常称为组件状态。如按钮的"Up"（鼠标抬起），"Over"（鼠标滑过），"Down"（鼠标按下），"Disabled"（鼠标不可用）。

　　在"STATES"（页面状态）面板中可以看到所有页面的状态。用户可以通过双击界面上的组件进入组件的"独立编辑"模式，就会在"页面与状态"面板看到组件的不同状态。并且"LAYERS"（图层）面板中会单独显示正在编辑的组件图层。如图 6.1 所示。

图 6.1

　　Flash Catalyst 同级页面最多不超过 20 个，用户可以构建使用"自定义组件"或"通用组件"来减少页面的创建，同时也可以合理规划页面到自定义组建的状态中，将页面以"级"的形式呈现。

　　可以合理划分页面到自定义组件的状态中去，利用鼠标交互在最适当的时间显示最适当的信息，也可以利于滚动列表或面板依次显示信息，甚至把一个组件嵌套在另一个组件之中，创建更复杂的结构来避免创建更多的页面。使用"自定义/通用"组件来创建组件级状态。如图 6.2 所示。

　　使用"分级"页面创建组件级状态。如图 6.3 所示。

6.1.2　添加、复制和删除状态

　　在某种情况下，用户想要添加一个类似的已有页面，只需复制页面或是修改已存在的页面，而不需要重新创建和布局同样的对象。

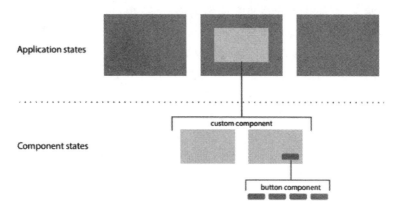

图 6.2

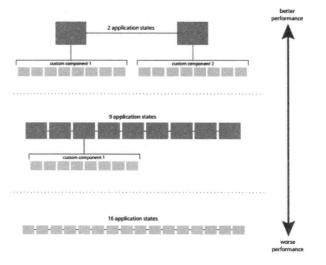

图 6.3

　　所有 Flash Catalyst 的应用程序和组件的状态在从导入项目时被创建或是直接在界面上被创建,之后在"STATES"(页面与状态)面板中进行编辑。如果在导入的"Adobe Photoshop"或"Adobe Illustrator"文件中包含多个图层,那么每个图层在导入后也都会相应保存在一个图层中,然后对其进行操作。

　　(1)如果要添加基于已有状态的新状态,可以在"STATES"(页面与状态)面板中选择该状态,然后点击"Duplicate State"(复制状态)按钮 ⏸ Duplicate State 。复制页面和组件的状态,可以使一些通用的对象在新的页面中保持原有的位置;也可以将这些通用的对象锁定,这样在给页面添加交互的时候,它就会保持在原有的位置。

　　(2)如果要创建一个新的空白状态,在其中的所有层是隐藏的,没有对象存在,可单击"New Blank State"(新建空白状态)按钮 `+ New Blank State`。

(3) 如果要删除的状态,先在"STATES"(页面与状态)面板中选择该状态,然后单击"删除"按钮 🗑 。

6.1.3 命名状态

在点击"Duplicate State"(复制状态)按钮或是"New Blank State"(新建空白状态)按钮时,Flash Catalyst 都会自动创建页面并依次命名页面为"State1""State2""State3"……用户可以根据自己的需要,将创建的页面合理地命名。

在命名方面,我们在第 4 章有详细介绍。这有以下几点需要注意。

(1) 页面命名只可以使用英文字母、下划线或数字,不能使用中文。

(2) 页面命名不可以包含空格。

(3) 页面命名只能使用字母开头。

(4) 页面命名中不能包含特殊字符,如@、(、)、%、♯、! 等。

6.1.4 创建分级页面方法

在一些时候添加一个页面,只需要复制或修改一个已经存在的页面,而不需要重新创建和布局同样的设计元素。复制和页面及组件的状态,可以确保一些通用的对象在页面跳转时保持原有的位置,比如一些背景元素。也可以把一些通用的对象锁定,这样在页面做交互的时候,它也可以保持原来位置。

Flash Catalyst 同级页面最多不超过 20 个,为了使项目能够更好地完成,用户可以通过"Custom/Generic Component"(自定义/通用组件)来创建 Flash Catalyst 的分级页面。

第 3 章学习了向 Flash Catalyst 导入 Adobe Photoshop 项目的梅花案例,它是通过导入单独的"PSD"文件创建的,现在页面中只有"zhuye"状态,现在通过创建"梅花"案例的 3 级页面来学习如何在 Flash Catalyst 中创建分级页面。步骤如下。

步骤 1 在"STATES"(页面与状态)面板中的"New Blank State"按钮增加一个新的空白面板,命名为"second"。此时,页面处于空白状态,其中所有的层都是隐藏的,没有任何对象存在。

步骤 2 在图层面板将"2 级背景"和"具体 2 级"两个图层前的眼睛图标打开,其余图层的图标关闭。如图 6.4 所示。

步骤 3 在图层面板同时选中"素心梅""磐口梅""金钟梅""虎蹄梅""狗牙

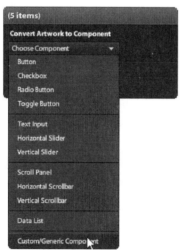

图 6.4

梅"5 个图层,然后在"HUD"面板中单击"Custom/Generic Component"(自定义/通用组件)选项。在弹出的对话框中将组件命名为"second",点击"OK"按钮。如图 6.5 所示。

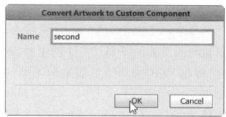

图 6.5

步骤 4 双击"second"组件,进入独立编辑模式。

步骤 5 在 2 级状态中自带了一个"State1"页面,里面显示所有的梅花图片。在图层面板中将"素心梅"图层呈显示状态,其他图层隐藏。并将此页面命名为"S"。如图 6.6 所示。

图 6.6

步骤 6 用同样的方法再创建 4 个页面。点击"New Blank State"按钮再增加一个新的空白面板，命名为"P"，在图层面板中将"磐口梅"图层呈显示状态，其他图层隐藏。

步骤 7 点击"New Blank State"按钮再增加一个新的空白面板，命名为"J"，在图层面板中将"金钟梅"图层呈显示状态，其他图层隐藏。

步骤 8 点击"New Blank State"按钮再增加一个新的空白面板，命名为"H"，在图层面板中将"虎蹄梅"图层呈显示状态，其他图层隐藏。

步骤 9 点击"New Blank State"按钮再增加一个新的空白面板，命名为"G"，在图层面板中将"狗牙梅"图层呈显示状态，其他图层隐藏。最后 2 级的分页面就创建完成。如图 6.7 所示。

图 6.7

步骤 10 点击导航条上的"分级页面 start"或是界面上的空白处回到主页面。在界面上就会看到自定义的"second"组件在"HUD"面板中包含了 2 级页面的所有状态。如图 6.8 所示。

图 6.8

步骤 11 在"STATES"(页面与状态)面板中的"New Blank State"按钮增加一个新的空白面板,命名为"third"。

步骤 12 在图层面板将"3级背景"和"具体3级"两个图层前的眼睛图标打开,其余图层的图标关闭。

步骤 13 在图层面板同时选中"素心梅""磐口梅""金钟梅""虎蹄梅""狗牙梅"5个文件夹。

步骤 14 在"HUD"面板中单击"Custom/Generic Component"(自定义/通用组件)选项。在弹出的对话框中将组件命名为"third",点击"确定"按钮。如图 6.9 所示。

图 6.9

步骤 15 双击"third"组件进入独立编辑模式。

步骤 16 在3级状态同2级状态一样,点击"New Blank State"按钮再增加一个新的空白面板,命名为"P",在图层面板中将"磐口梅"图层呈显示状态,其他图层隐藏。

步骤 17 点击"New Blank State"按钮再增加一个新的空白面板,命名为"J",在图层面板中将"金钟梅"图层呈显示状态,其他图层隐藏。

步骤 18 点击"New Blank State"按钮再增加一个新的空白面板,命名为"H",在图层面板中将"虎蹄梅"图层呈显示状态,其他图层隐藏。

步骤 19 点击"New Blank State"按钮再增加一个新的空白面板,命名为"G",在图层面板中将"狗牙梅"图层呈显示状态,其他图层隐藏。最后的3级分页面就创建完成。如图 6.10 所示。

步骤 20 此时在3级状态中点击"P"页面,在图层面板中选择"磐口梅"文件夹中的4个背景图片,在"HUD"面板中单击"Custom/Generic Component"(自定义/通用组件)选项,将组件命名为"forth1",点击"确定"按钮。如图 6.11 所示。

图 6.10

图 6.11

步骤 21 在"J"页面中点击图层面板中选择"金钟梅"文件夹中的 4 个背景图片,在"HUD"面板中单击"Custom/Generic Component"(自定义/通用组件)选项,将组件命名为"forth2",点击"确定"按钮。

步骤 22 在"H"页面中点击图层面板中选择"虎蹄梅"文件夹中的 4 个背景图片,在"HUD"面板中单击"Custom/Generic Component"(自定义/通用组件)选项,将组件命名为"forth3",点击"确定"按钮。

步骤 23 在"S"页面中点击图层面板中选择"素心梅"文件夹中的 4 个背景图片,在"HUD"面板中单击"Custom/Generic Component"(自定义/通用组件)选项,将组件命名为"forth4",点击"确定"按钮。

步骤 24 在"G"页面中点击图层面板中选择"狗牙梅"文件夹中的 4 个背景图片,在"HUD"面板中单击"Custom/Generic Component"(自定义/通用组件)选项,将组件命名为"forth5",点击"确定"按钮。

步骤 25 双击"forth1"进入独立编辑模式,再新建 3 个空白页面,分别创建每个背景的页面,依次命名。如图 6.12 所示。

图 6.12

步骤 26 再将"forth2""forth3""forth4""forth5"按照同样的方法创建各自的第 4 级状态。最终,项目的 4 级状态就都创建完成。如图 6.13 所示。

◀ 分级页面start / third / **forth5**　　　　Auto Component Bounds : Clipping Off　▼　🔄

图 6.13

6.1.5 页面之间共享对象技巧

在 Flash Catalyst 应用程序中的所有页面和组件状态都是共享一个库。一个对象可以同时在多个页面或组件状态中显示,但是对象在每个页面或组件状态中的属性可以根据需要设置的完全不同,如尺寸、位置、颜色等。

如果在某个页面或组件中有需要的对象,可以快速分享给其他页面或组件状态。步骤如下。

步骤 1 选中对象。

步骤 2 右键单击,在弹出的选项中选择"Share to State"(分享到页面)→选择页面。如图 6.14 所示。

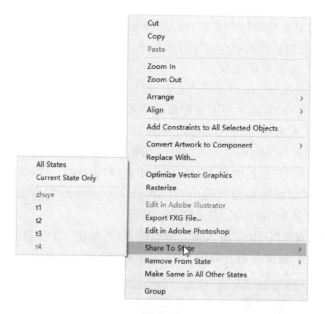

图 6.14

或者在菜单栏中单击"States"(页面)→"Share to State"(分享到页面)→选择页面。如图 6.15 所示。

步骤 3 如果想要删除对象,可以先选中对象,右键单击选择"Remove from

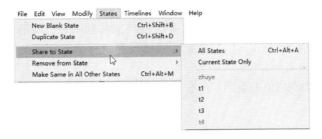

图 6.15

State"（移除到页面）→选择页面删除，或在菜单栏中单击"States"（页面）→
"Remove to State"（移除到页面）→选择页面删除。如图 6.16 所示。

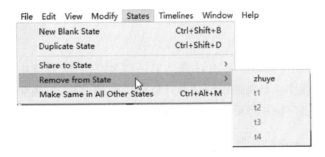

图 6.16

步骤 4 如果在页面中更改了某个对象的属性，也可以快速地让其他页面
的相同对象有同样的属性。可以先选中对象，右键单击选择"Make Same In All
Other States"（使其他页面具有相同属性）。或在菜单栏中单击"States"（页面）
→"Make Same In All Other States"（使其他页面具有相同属性）或按键盘
"Ctrl"＋"Alt"＋"M"。如图 6.17 所示。

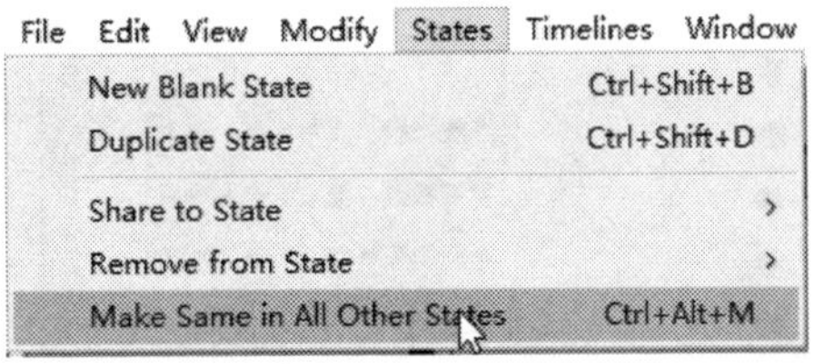

图 6.17

当用户在页面中分享对象时，页面中对象的显示状态可以用以下方法来
设置。

• 打开或关闭"眼睛"图标以显示或隐藏的对象。单击显示/隐藏列（最左
列）在图层面板中的对象以切换其可见性。

- 关闭文件夹或组的"眼睛"图标可以隐藏其中的所有对象。

- 选择一个对象,按"Delete"键从当前状态移除对象。如果在其他页面中也存在这个对象,那么它的图层面板变暗淡。如果对象存在任何其他状态,那么它就从图层面板中消失。

- 在图层面板中选择一个对象,然后单击删除按钮(垃圾桶)从所有状态和图层面板中删除。

- 如果将对象转换为元件并适用于所有状态。那么在使用独立编辑模式编辑组件时,影响应用层次结构的任何变化都会在所有状态自动共享。

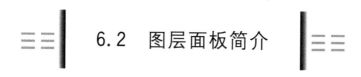

6.2　图层面板简介

在图层面板中,Flash Catalyst 提供了一些主要功能,对应用程序或已经打开进行编辑的组件查看和管理每一个对象或组织的结构,也表明其中这些对象是处于当前状态存在并可见。如图 6.18 所示。

图 6.18

A：显示/隐藏。

B：锁定/解锁。

C：选择。

D：层包含选定对象。

E：对象是不存在的选中状态。

F：创建新图层。

G：创造新的子图层。

H：删除层。

6.2.1 层项目分析

在"LAYERS"（图层）面板中显示了使用"堆叠"文件夹集合应用的每个对象。可代表图层、子图层，对象（图像、形状、文字、组件）和组（组合对象）。

在图层面板左边一排的"眼睛"图标表明，对象是在当前页面中处于隐藏或显示状态。如果眼睛图标是灰色的，表明该行是可见的，但它的图层或子图层当前还处于隐藏状态。如图 6.19 所示。

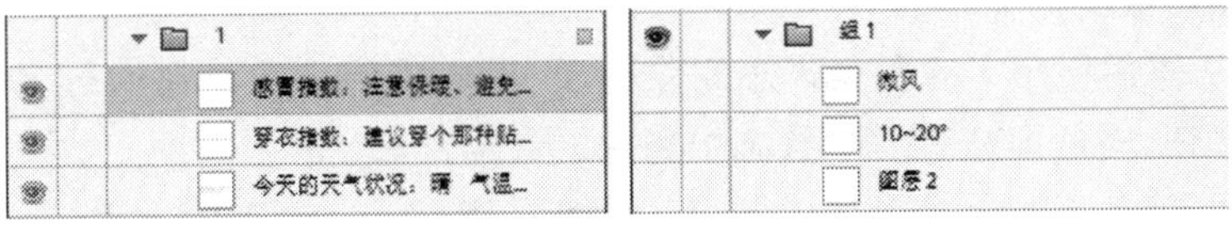

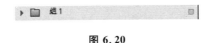

图 6.19

在目前状态中，没有存在的对象前的"眼睛"图标被隐藏，且本图层中颜色变暗。若确实存在，但被隐藏在当前状态下的对象是普通的文本，那么"眼睛"图标被隐藏。

在"眼睛"图标旁边的第 2 列图标为挂锁图标，表示本图层的对象已被锁定。锁定图层的对象是为了防止被选择或意外移动内容，所以可查看，但不能编辑。

用户添加到画板内容被选中时呈淡蓝色阴影。当前选定对象的对应行颜色呈蓝色稍深色调，文件夹旁的蓝色小方块表示该行包括一个选定的对象，用户可以点击蓝色正方形来深入查找所选项目。如图 6.20 所示。

图 6.20

如果用户是在一个由 Flash Builder 开发人员修改或创建的项目时，可能会遇到每层物体的可见性是由"ActionScript"代码来设置的，使对象能够根据用户的动作来显示或隐藏。在这种情况下，Flash Catalyst 将显示锁定，其中显示这些物品的可见性是由代码结合的图标。

6.2.2 管理使用图层方法

用户可以直接在界面上选择对象或是在图层面板中来选择对象。

• 使用选择或直接选择工具选择画板的对象或组，单击图层面板中的一行。

• 按住"Shift"键，单击可选中图层面板对象的多个连续范围。

• 要选择在图层面板上不连续的对象，按住"Ctrl"键，单击可选中两个或多个对象。

• 使用直接选择工具选择图层中的文件夹图层即选中文件夹中的所有"子对象"层。选择组作为一个对象，该组的属性在属性面板中处于活动状态。

• 点击小箭头，展开折叠图层或组。

• 要重命名表示层、对象或组。双击当前名称，输入一个新的名称，然后按"Enter"键（Windows）或"Return"键（Mac OS）。

• 要添加一个新图层或文件夹，单击"Create New Layer/Sublayer"按钮，创建新图层或文件夹。

• 从应用程序中的所有状态删除图层、对象或组。选择它的行，然后单击"删除"按钮，对象即从每一个状态中删除。

当用户在 Flash Catalyst 导入 Adobe Illustrator、Adobe Photoshop 或 Adobe Fireworks（FXG）中创建的设计文档时，Flash Catalyst 会保持原始设计的完整性。随着作品整理成层，就可以开始创建应用程序的不同的页面、组件和组件状态。使用图层面板，以确定哪些对象是可见的、隐藏的，或目前在哪个状态。

• 若要从当前状态删除对象，选择并按下"Delete"键，该对象不再存在于当前状态。如果该对象在其他状态仍然存在，项目的名称出现在图层面板中变暗，可以通过单击"显示/隐藏"按钮，将其返回到当前状态。

• 可以使用多层艺术品创建交互式组件，如按钮或滚动条。组件可以有多个状态，当进入独立编辑模式时，在图层面板将展开以显示所选组件的对象，以及使用图层面板隐藏的每个组件的状态。

• 要更改对象在应用中的堆叠顺序，可以在图层面板中向上或向下拖行，也可以更改图层或组中的对象的堆叠顺序。拖动对象行或选择对象，然后在菜单栏中选择"Modify"（修改）→"Arrange"（排列）→置于顶层、前移、后移或底层。如图 6.21 所示。

注意：不同对象的属性不能在不同状态堆叠顺序。

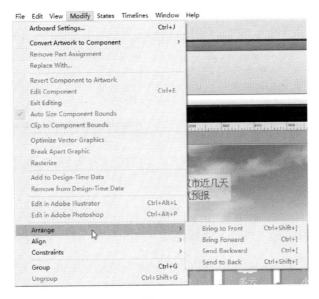

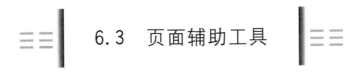

图 6.21

6.3 页面辅助工具

Flash Catalyst CS5.5 和 Adobe 的其他软件一样,提供了网格、辅助线和标尺等功能,能够更加精确地绘制图像和布局对象。需要时,可以显示或隐藏网格、辅助线和标尺等,按照自己习惯来改变其属性。

6.3.1 网格使用方法

1. 显示网格

单击菜单栏"View"(视图)→"Grid"(网格)→"Show Grid"(显示网格)选项或按"Ctrl"+"′"快捷键。选择之后,网格就会在界面上显示,并且勾选"显示网格"选项,再次单击选项就会被隐藏起来。如图 6.22 所示。

2. 对齐网格

单击菜单栏中的"View"(视图)→"Grid"(网格)→"Snap to Grid"(对齐网格)或按"Ctrl"+"Shift"+"′"快捷键。在选择了该选项之后,当移动界面上的对象时,就会像被磁化了一样吸附在网格线的边缘上自动对齐在网格上。当再

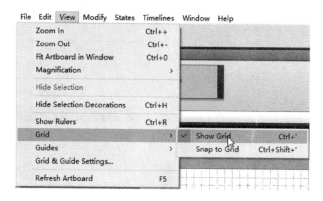

图 6.22

次单击"对齐网格"选项或按下快捷键时,"对齐网格"的勾会被取消。如图 6.23 所示。

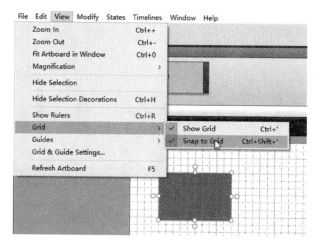

图 6.23

6.3.2 标尺使用技巧

在显示标尺时,会在界面左侧和上侧显示,默认标尺以像素为单位。标尺可以和辅助线配合使用,精确表明对象所在的位置。

显示标尺:单击菜单栏中的"View"(视图)→"Show Rules"(显示标尺)或按下"Ctrl"+"R"快捷键。当显示之后,在选项之前会打上一个勾,再次单击选项或按下快捷键时,标尺会被隐藏。如图 6.24 所示。

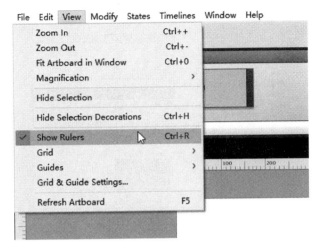

图 6.24

6.3.3 辅助线使用方法

在显示标尺后,用户就可以将水平和垂直辅助线从标尺拖到界面上,也可以移动、锁定、隐藏和删除辅助线,或更改辅助线颜色,这样就可以使用辅助线精确定位选中对象。

1. 显示辅助线

单击菜单栏中的"View"(视图)→"Guides"(辅助线)→"Show Guides"(显示辅助线)或按下"Ctrl"+";"快捷键。选项旁就会打上一个勾,辅助线就会显示在界面上。再次选择选项或按下快捷键时,辅助线就会被隐藏。如图 6.25 所示。

2. 锁定辅助线

单击菜单栏中的"View"(视图)→"Guides"(辅助线)→"Lock Guides"(锁定辅助线)或按下"Ctrl"+"Alt"+";"快捷键。再次选择选项或按下快捷键时,辅助线锁定就被解除。如图 6.26 所示。

3. 对齐辅助线

单击菜单栏中的"View"(视图)→"Guides"(辅助线)→"Snap to Guides"(对齐辅助线)或按下"Ctrl"+"Shift"+";"快捷键。选择了辅助线对齐后,界面上的对象会被吸附到辅助线上。当再次选择选项或按下快捷键时,辅助线对齐就被解除。如图 6.27 所示。

4. 清除辅助线

单击菜单栏中的"View"(视图)→"Guides"(辅助线)→"Clear Guides"(显

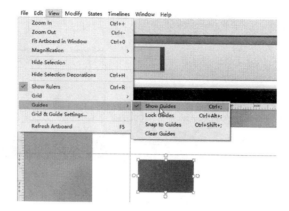

图 6. 25

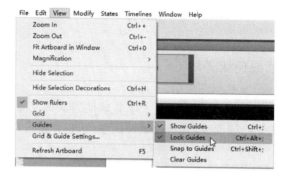

图 6. 26

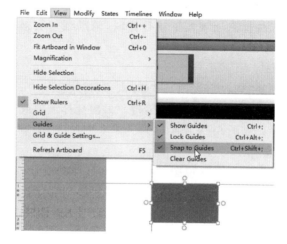

图 6. 27

示清除辅助线),界面上的辅助线就会被清除,但是只清除当前场景的辅助线,其他组件或页面中的辅助线不会被清除。如图 6.28 所示。

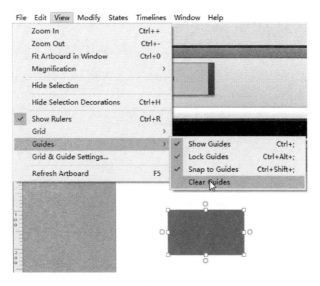

图 6.28

5. 移动辅助线

辅助线不是处于锁定状态时,可以使用"箭头工具"拖动辅助线来改变它的位置。如图 6.29 所示。

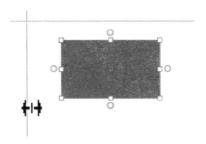

图 6.29

6. 网格与辅助线参数设置

单击菜单栏中的"View"(视图)→"Grid & Guide Settings"(辅助线和网格设置),会自动弹出"网格与辅助线参数设置"对话框。如图 6.30 所示。

A:辅助线。

B:网格。

说明如下。

"Guides"(辅助线):设置提供了以下 5 个选项。

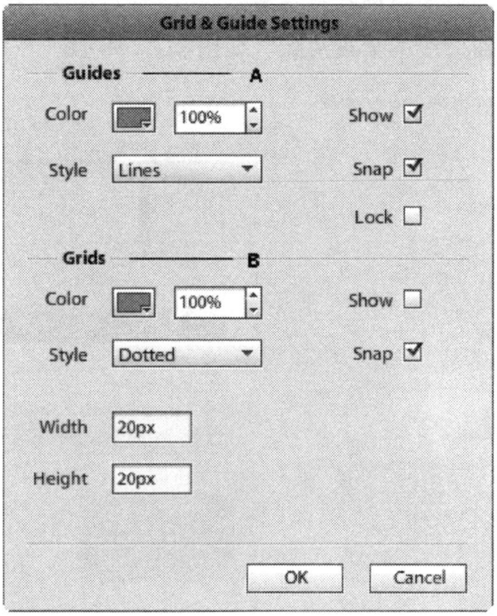

图 6.30

"Color"（颜色）：单击颜色框中的"小三角形"，可以从调色板中选择需要的辅助线颜色，默认颜色为绿色。颜色后面是透明度设置，可以通过调节参数调整辅助线的透明度。

"Style"（风格）：Flash Catalyst 提供了"lines"（实线）和"Dotted"（虚线）两种风格。

"Show"（显示）：选择或取消显示辅助线选项。

"Snap"（对齐）：选择或取消对齐辅助线选项。

"Lock"（锁定）：选择或取消锁定辅助线选项。

"Guides"（网格）参数设置提供了以下 6 个选项。

"Color"（颜色）：单击颜色框中的"小三角形"，可以从调色板中选择需要的网格颜色，默认颜色为灰色。颜色后面是透明度设置，可以通过调节参数调整网格的透明度。

"Style"（风格）：Flash Catalyst 提供了"Lines"（线）和"Dotted"（点）两种风格。

"Width"（宽度）：可设置网格的宽度。

"Height"（高度）：可设置网格的高度。

"Show"（显示）：选择或取消显示网格选项。

6.4　排列和对齐工具使用方法

Flash Catalyst 提供了多种辅助工具来帮助用户绘制和调整图形,其中包括对齐、标尺、网格、辅助线等来使对象能够定位,精确到网格像素。

Flash Catalyst 提供了以下 6 种对齐方式。

"Left"(左对齐):单击菜单栏中"Modify"(修改)→"Align"(对齐)→"Left"(左对齐)或按"Ctrl"+"Alt"+"1"快捷键。

"Horizontal Center"(居中对齐):单击菜单栏中"Modify"(修改)→"Align"(对齐)→"Horizontal Center"(居中对齐)或按"Ctrl"+"Alt"+"2"快捷键。

"Right"(右对齐):单击菜单栏中"Modify"(修改)→"Align"(对齐)→"Right"(右对齐)或按"Ctrl"+"Alt"+"3"快捷键。

"Top"(顶对齐):单击菜单栏中"Modify"(修改)→"Align"(对齐)→"Top"(顶对齐)或按"Ctrl"+"Alt"+"4"快捷键。

"Vertical Center"(垂直对齐):单击菜单栏中"Modify"(修改)→"Align"(对齐)→"Vertical Center"(垂直对齐)或按"Ctrl"+"Alt"+"5"快捷键。

"Botton"(底对齐):单击菜单栏中"Modify"(修改)→"Align"(对齐)→"Botton"(底对齐)或按"Ctrl"+"Alt"+"6"快捷键。

如图 6.31 所示。

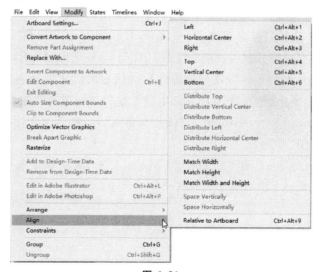

图 6.31

同样,在界面上选择两个以上对象之后,单击"Align",同样可以快速地将对象对齐。如图 6.32 所示。

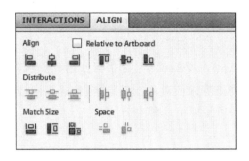

图 6.32

6.5　项目库使用方法

Flash Catalyst 项目库中是用来存储 Flash Catalyst 中可重复利用资源。其中包括了导入的位图资源和多媒体资源,有视频、音频、Flash 动画等。用户也可单独导入需要的组或资源包。同样,自己在界面上创建的对象也可以保存在项目库中,其中包括以下几类。

"Components"(组件):用户通过转换成组件或通过修改线框组件来创建自定义外观交互式对象。

"Images"(图片):位图文件(PNG,GIF,JPG,JPE,JPEG)和"SWF"文件。

"Media"(多媒体):视频和声音文件(FLV/ F4V 文件和 MP3)。

"Optimized Graphics"(优化的图形):优化的图形文件,所有的 MXML 信息(矢量、路径、填充等)在"FXG"文件中分开存放。如果将对象在"HUD"面板中选择"Optimize Vector Graphics"(优化矢量图形),之后被优化的图形就会存储到"库"面板中。

注意:当用户导入"AI""PSD"或"FXG"文件时,该图像类别的位图图像存储在项目库中的一个单独的子文件夹中。

6.5.1　向库中导入资源

有以下几种方式可以把资源导入库中。

在菜单栏中单击"File"（文件）→"Import"（导入）→选择相应选项。如图 6.33所示。

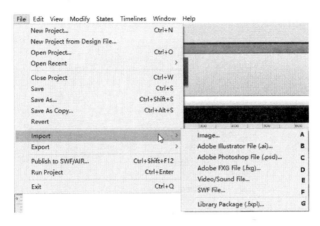

图 6.33

说明如下。

A：图片。Flash Catalyst 可以导入的图片格式有 GIF、PNG、JPG 等，可以一次导入单张或多张图片，导入的图片会直接储存在"库"面板中的"Images"（图片）中。

B：Adobe Illustrator 文件。将存有所需资源图片的"AI"文件导入到 Flash Catalyst 中，库面板会自动将这些资源创建在同样的文件夹中。如果文件中包含"符号"，则会直接被优化并存储在"Optimized Graphics"（优化图形）分类中。

C：Adobe Photoshop 文件。与导入 Adobe Illustrator 文件类似，Flash Catalyst 同样也会创建相同的文件。

D：Adobe FXG 文件。与导入 Adobe Illustrator 文件类似，Flash Catalyst 同样也会创建相同的文件。

E：Video/Sound 文件。Flash Catalyst 只支持"Flv"和"F4V"格式的视频文件，音频只支持"MP3"格式。导入的文件被存储在库面板中的"Media"（多媒体）文件夹中。

F：SWF 文件。"SWF"文件主要有 Flash Professional 软件生成的动画资源，在 Flash Catalyst 中，"SWF"文件被当成一种动画资源使用。

G：Library Package。库资源包是由其他的项目导出的，当把资源库包导入到新的项目中后，所有的资源会安装类型被添加到库面板的各个分类文件中。

导入后的资源可以直接在库面中的浏览区域浏览，可以浏览选中的图片、视频、音频、优化过的图片等。如图 6.34 所示。

图 6.34

6.5.2　在库中栅格化图片

步骤如下：

步骤 1　在库面板中选中图片。

步骤 2　右键单击在弹出的对话框中选择"Compression Option"（栅格化）选项。如图 6.35 所示。

步骤 3　在弹出的对话框中可以选择图片的质量设置，默认为"70％"，单击"OK"按钮。则被栅格化的图片会被添加到库面板中的"Image"（图片）分类中，同样可以观察到图片的大小。如图 6.36 所示。

6.5.3　操作库中资源

在库面板中可以直接进行资源库的导入、导出。单击"Import Library Package"（导入资源包）按钮，在弹出的对话框中可以选择自己需要导入的资源包。

单击"Export Library Package"（导出资源包）按钮，项目中的所有资源都会被导出并保存到一个扩展名为"FXPL"的文件中。将导出的文件在导入到 Flash Builder 中，之前在 Flash Catalyst 中添加的交互和过渡效果依旧会被保留下来。如图 6.37 所示。

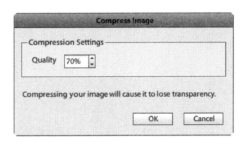

图 6.35

图 6.36

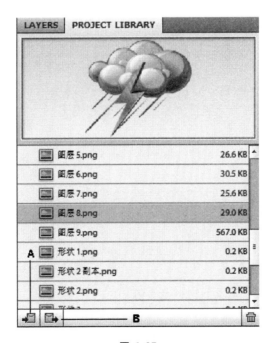

图 6.37

A：导入资源。

B：导出资源。

在 Flash Ctatalyst 库资源包（FXPL）可以将"Flex Library"项目导入到 Flash Builder 中，这些资源可以保留 Flash Catalyst 添加的所有的交互行为和过渡效果。

同时，可以使用 Flash Catalyst"库"面板来存储、查找、管理、使用可以重复使用的组件、图片、Flash 影片、视频、音频。库资源的修改会直接影响项目中所有引用该资源的对象。通过库资源包，可以分享项目中的所有资源给其他的设计师和开发人员。

第 7 章

Flash Catalyst 交互设计探索

7.1 导航交互应用技巧

Flash Catalyst 最能增加用户体验感的就是交互设计。通过对不同对象页面间的过渡转换来完成丰富的交互应用,使作品能够生动地将界面与互动形成一种联系,从而可以有效达到使用者的目标,这就是交互设计的目的。通过简单的动画效果吸引用户眼球,增加用户的体验感。

随着网络技术的不断发展,原本只运用于电影或电视剧里的高清视频或图形动画效果现在已经广泛地被互联网所使用,互联网与传统媒体的界限已经越来越模糊了。

作为一个富媒体应用程序设计师,可以从电影或电视剧中借鉴许多经验。一个成功的电影制作人通常会告诉你,在电影画面中有许多细微的设计是根本不会去注意的,但也就是因为这些细微的设计,使得电影画面变得更加生动、饱满。灯光、背景音乐,当然还有绚丽的动画效果,这些细微的设计会让你的应用程序有着非凡的用户体验。

7.1.1 交互动作介绍

用户交互只是我们设计的产品与用户之间的互动行为,我们的目标是了解目标用户的心理和行为特点,通过与他们的互动满足他们的期望,并不断地增加

111

和完善我们的产品,使我们的产品更加易用。

在添加交互动作之前,首先在界面上选中需要交互的按钮,然后点击"INTERACTIONS"(交互)面板中的"Add Interaction"(添加交互)按钮。Flash Catalyst 有许多自带的交互行为,可以快速地添加到组件中。如图 7.1 所示。

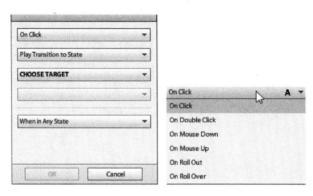

图 7.1

图 7.1 中 A:鼠标事件。其中包括了"On Click"(单击),"On Mouse Down"(鼠标按下),"On Mouse Up"(鼠标抬起),"On Roll Out"(鼠标滑出),"On Roll Over"(鼠标滑过)。

B:鼠标事件触发交互行为。"Play Transition to State"(在状态跳转时播放过渡动画),"Play Action Sequence"(播放动作序列),"Go to URL"(打开指定链接到某地址),"Play Video"(播放视频),"Pause Video"(暂停视频),"Stop Video"(停止播放视频)。如图 7.2 所示。

C:当用户选择"Play Transition to State"(在状态跳转时播放过渡动画)动作时,就要选择将要跳转到的状态。如图 7.2 所示。

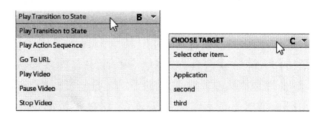

图 7.2

D:项目中存在分级页面时,当选择的状态的"子对象"是分级的自定义组件,则就要在此选择"子对象"的状态。如图 7.3 所示。

E:当用户选择"Play Transition to State"(在状态跳转时播放过渡动画)动作时,需要选择在哪种状态下。如图 7.3 所示。

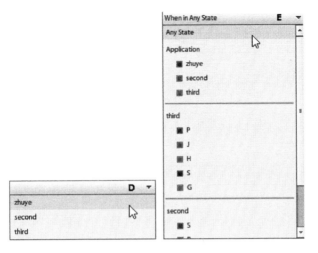

图 7.3

7.1.2　添加交互方法

打开"lesson7"文件夹下"交互设计 start. fxp"文件,双击打开。这是在前面制作的"分级页面"的最终效果。在此基础上,通过为梅花页面添加交互动画来学习交互设计。步骤如下。

步骤 1　在状态"zhuye"的界面中单击名为"G"的 Button 按钮→在"INTERACTIONS"(交互)面板中单击"Add Interaction"(添加交互)按钮,为按钮添加"鼠标点击"事件交互。当按钮在"zhuye"状态时→跳转到"second"状态→单击"OK"按钮。如图 7.4 所示。

步骤 2　用同样的方法为按钮"H""G""S""P"添加同样的鼠标点击事件。当按钮在"zhuye"状态时→跳转到"second"状态→单击"OK"按钮。

步骤 3　因为页面中存在分级页面,所以在为按钮添加了从 1 级状态到 2 级状态的交互后,还要添加指向 2 级状态的具体对象。单击名为"G"的 Button 按钮→在"INTERACTIONS"(交互)面板添加鼠标点击事件。当按钮在"zhuye"状态时→跳转到"second"下的"G"状态→单击"OK"按钮。如图 7.5 所示。

步骤 4　同样为其他按钮添加二级具体状态交互。单击名为"H"的 Button 按钮→在"INTERACTIONS"(交互)面板添加鼠标点击事件。当按钮在"zhuye"状态时→跳转到"second"下的"H"状态→单击"OK"按钮。

步骤 5　单击名为"J"的 Button 按钮→在"INTERACTIONS"(交互)面板添加鼠标点击事件。当按钮在"zhuye"状态时→跳转到"second"下的"J"状态→

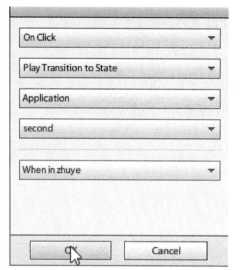

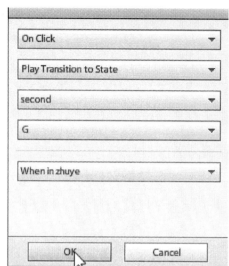

图 7.4　　　　　　　　　　　　　　　　　　图 7.5

单击"OK"按钮。

　　步骤 6　单击名为"S"的 Button 按钮→在"INTERACTIONS"（交互）面板添加鼠标点击事件。当按钮在"zhuye"状态时→跳转到"second"下的"S"状态→单击"OK"按钮。

　　步骤 7　单击名为"P"的 Button 按钮→在"INTERACTIONS"（交互）面板添加鼠标点击事件。当按钮在"zhuye"状态时→跳转到"second"下的"P"状态→单击"OK"按钮。之后，每个按钮的交互栏中都会有两个选项。如图 7.6 所示。

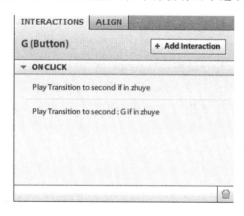

图 7.6

　　步骤 8　点击"second"状态的界面中单击"picture"的按钮，在"INTERACTIONS"（交互）面板添加鼠标点击事件。当按钮在"Any State"状态时→跳转到"third"状态→

单击"OK"按钮。

步骤 9　因为"图片欣赏"按钮在 2 级状态下的任何页面都存在,因此要为其添加具体的 2 级到 3 级的鼠标点击事件。当按钮在 2 级"second"状态下的"P"状态时→跳转到"third"下的"P"状态→单击"OK"按钮。

步骤 10　当按钮在 2 级"second"状态下的"H"状态时→跳转到"third"下的"H"状态→单击"OK"按钮。

步骤 11　当按钮在 2 级"second"状态下的"J"状态时→跳转到"third"下的"J"状态→单击"OK"按钮。

步骤 12　当按钮在 2 级"second"状态下的"S"状态时→跳转到"third"下的"S"状态→单击"OK"按钮。

步骤 13　当按钮在 2 级"second"状态下的"G"状态时→跳转到"third"下的"G"状态→单击"OK"按钮。如图 7.7 所示。

步骤 14　点击"third"状态的界面中的"back"按钮,在"INTERACTIONS"(交互)面板添加鼠标点击事件。当按钮在"Any State"状态时→跳转到"zhuye"状态→单击"OK"按钮。

步骤 15　双击"third"界面上的"third"3 级组件进入独立编辑模式。

步骤 16　点击"P"状态的界面中的"P1"按钮,为其添加 3 级到 4 级的鼠标点击事件。当按钮在 3 级状态下的"P"状态→跳转到"forth1"状态下的"P1"→单击"OK"按钮。并且,为"P2""P3""P4"添加类似的鼠标交互事件。如图 7.8 所示。

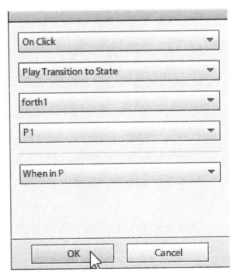

图 7.7　　　　　　　　　　　　　　　　　图 7.8

步骤 17 同理，在状态"J""H""S""G"中为各自的按钮添加类似的 3 级状态到 4 级状态转换的按钮。

7.2 过渡动画相关面板

过渡动画是当从一个页面或组件状态跳转到另一个页面或组件状态播放的动画。过渡动画是由特殊效果组成的，这种特殊效果的称为"Action"，Flash Catalyst 自带了很多效果，如淡入、淡出、旋转、缩放等。

7.2.1 过渡动画介绍

动作序列体现在同时触发一个或多个动作，只有"组件"和"组"可以添加动作序列。与过渡动画不同，工作序列只需要"一个页面"或"一个组件状态"就可以执行。例如用户在一个组件上添加了鼠标交互，在这个组件中定义的"动作序列"是不可以重复播放的。

任何时候用户的项目中的一个状态中的内容到另一个状态中的内容不同，Flash Catalyst 会自动根据用户的操作创建一个默认的过渡。这些默认的过渡出现在时间轴面板，默认过渡只有零秒的持续时间，所以看起来更像没有效果。用户增加每个效果的时间条，才会使效果显现出来。如图 7.9 所示。

图 7.9

7.2.2 时间轴介绍

动画效果的运行依赖于时间轴上的时间设置，在一段时间内将不同对象根据时间关系结合起来就形成了动画。Flash Catalyst 提供了完善的动画供用户直接添加，其中时间轴面板还有许多功能。如图 7.10 所示。

说明如下。

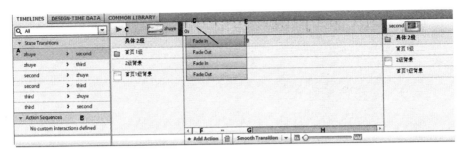

图 7.10

A：绿点表示该状态转换的过渡已经编辑。

B："Action Sequence"动作序列列表。其中包含了所有组件、"组"的动作行为及动画效果。

C：播放过渡按钮。添加好效果的动画，可以点击播放按钮进行预览效果。播放的两端分别是起始状态和终止状态。

D：拖动时间轴上的效果条以调整过渡时间。

E：在"淡入淡出"的效果下，可通过拖动时间条上的句柄调整指定的时间效果。

F："Add Action"添加动作按钮。

G："Smooth Transition"平滑过渡动画按钮。

H：时间轴缩放标尺。用户可以根据需要，拖动时间轴缩放标尺上的滑块到适当的位置，按照比例缩放可以最小化时间轴，以便于在时间条设置复杂时可方便查看。如图 7.11 所示。

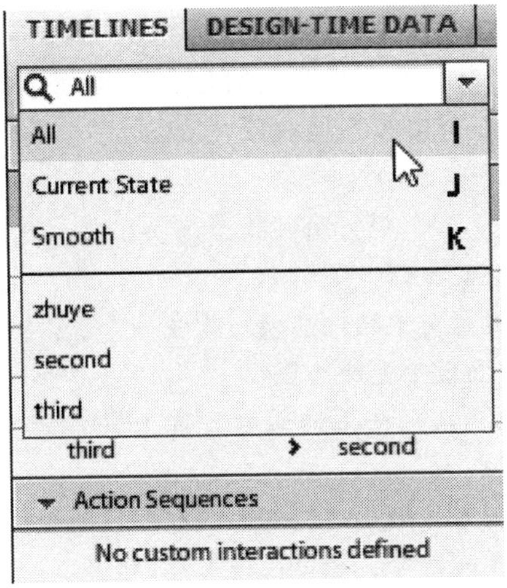

图 7.11

I：筛选所有的过渡状态。

J：筛选当前所处状态。

K：筛选平滑过渡状态。

7.2.3　动作效果简介

在选中时间轴上的一个对象时，单击时间轴下方的"Add Action"（添加动作）按钮后，在弹出的对话框中会自动显示出 Flash Catalyst 中自带的动画效果。在"添加动作"按钮旁边就是"删除"按钮，可以删除不要的动画。如图7.12所示。

图 7.12

说明如下。

"Video Control"（视频控制选项）：可以控制界面中视频的"播放""暂停""停止"。在导入视频和添加视频播放器之前，用户可以控制视频播放。

"SWF Control"（SWF 控制选项）：可以控制界面中 SWF 文件"播放""停止""跳转到帧播放"，还可以添加播放或在 SWF 影片的特定帧停止，并在属性面板中设置起始帧值。

"Set Component State"（设置组件状态选项）：显示组件的特定状态，指定在属性面板中显示的状态。

"Set Property"（设置对象属性选项）：改变一个部件或组的属性作为用户交互的结果，指定在属性面板中更改的属性。

"Fade"（淡入淡出）：从一个不透明度设置为另一个褪色的对象（淡入或淡出）。

"Sound Effect"（声音效果）：可设置游戏在项目库中的声音效果。在属性面板中设置声音播放一次或重复。如果选择重复，并设置计数值（重复次数）。

"Move"（移动效果）：可以将对象从一个位置移动到另一个位置。在属性面板中,选择相对于像素的具体数量移动对象从它的起始位置。也可以选择特定位置的对象移动到一个确切的位置。

"Resize"(缩放效果):在属性面板中调整对象,选择相对于高度和宽度改变其当前大小的百分数,也可以选择特定尺寸的高度和宽度改变像素的确切数目。

"Rotate"(旋转效果):在属性面板中旋转对象,选择该对象开始旋转相对于当前角度旋转对象。选择特定的角度,以旋转对象到特定的角度(从 0°开始)。

"Rotate 3D"(3D 旋转效果):使用属性面板可以三维旋转对象,可以围绕对象的中心、垂直轴、水平轴设定。

"Smooth Transition Option"(平滑过渡动画按钮):当为选定的对象添加过渡动画效果后,在时间轴上就会为其增加时间条。用户可以通过点击"Add Action"(添加动作)按钮旁的"Smooth Transition Option"(平滑过渡动画按钮)来设置过渡动画的时间效果。如图 7.13 所示。

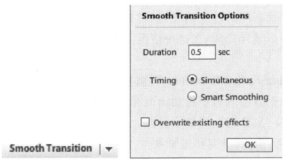

图 7.13

图 7.13 中的参数说明如下。

"Duration"(持续时间设置):设置从开始到结束过渡的总时间。过渡的开始为 0 s 的时间轴,而不是当第一个效果开始播放。

"Simultaneous"(同步效果):应用平滑过渡到每个相同的效果,使用在持续时间字段设置的值,最终从同一效果开始,并在同一时间结束。

"Smart Smoothing"(智能平滑效果):调节每种效果的持续时间和延迟(开始时间),设置一系列的交错影响,影响超过指定的不同时间。Flash Catalyst 中使用的效果的逻辑顺序,使开头对象淡出。对象淡出后,所有的调整大小和移动的设置将产生影响,其次是"淡入淡出"的对象。

"Overwrite Existing Effects"(覆盖当前效果选项):在该对话框中的设置替换现有的过渡设置。

7.2.4 转换选项设置方法

在时间轴上为对象添加过渡动画效果后，同样可以在"PROPERTIES"（属性）面板中，对每种动画效果进行属性设置。

用户可以设置重复转换，中断转换并控制过渡的行为出现中断，使动画效果能够根据需要来自定义的播放。

1."Repeat Transitions"（重复转换）

如果在项目中存在两种状态，当设置了一种状态向另一状态的过渡动画后，同样如果想要有状态2以同样的动画效果返回到状态1，可以在"属性"设置中点击添加"Repeat Transitions"（重复转换）。这样，就会在两种状态中出现"双向箭头"，表示动画会双向来回进行。

2."Interrupting Transition"（中断转换）

在某种情况下，对象的过渡转换可能被另一个过渡中断。当用户在点击播放按钮预览两个状态间的过渡动画时，可以通过选择过渡属性面板上根据自己的需要设置。可以选择光滑，在这种情况下的过渡将停止，然后从当前位置开始播放。

3."Repeating Entire Transitons"（重复整个转换）

用户可以根据自己的需要将动画效果设置为在过渡中重复，也可以在属性面板上设置"重复"复选框配置整个过渡，然后将所需的对象设置为重复。

4. 过渡填充、笔触、渐变和过滤器

用户可以在转换过程中更改对象的填充和笔触。例如，如果对象在一个状态中的填充颜色和另一状态的填充颜色不同，即可根据颜色变化来设置一个过渡动画。因此，状态之间的不同颜色物体这种转变就被自动添加到时间轴上。这同样适用笔触，如果改变不同状态之间的对象的笔触，过渡将被添加到时间轴上。

渐变过渡也同样是自动添加。渐变过渡只是将具有相同渐变数目的颜色渐变，形状填充之间的变化自动添加一个过渡动画。

同样也可以使用动画滤镜，如果在一个状态的对象上设置一个滤镜，然后在另一种状态更改任何滤镜的性能，过渡将被自动添加到时间轴上。

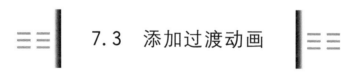

7.3 添加过渡动画

Flash Catalyst 的两个页面或组件的两个状态只要发生改变，默认的过渡动

画效果就会被添加来定义这些改变。这些默认的过渡动画效果的持续时间都为
0,所以它们更像个占位符。需要为它们增加持续时间,这样它们才可以真正发
挥作用。

在为对象添加效果时,默认添加的效果都是基于对象的开始状态与结束状
态时的改变。当用户在"LAYERS"(图层)面板中将对象的显示或隐藏的一些
属性进行改变时,那么对象的平滑过渡效果会自动在"时间轴"上更新。

同时,这些根据用户自己行为添加到"时间轴"上的效果是默认的,不能被删
除。因此,在向 Flash Catalyst 导入项目前,就要在"Adobe Photoshop"中将对
象的一些属性设置准确,比如大小、位置、图层前后顺序等,避免在 Flash
Catalyst 中再次修改而造成不必要的添加。对此,也可以同时为对象额外添加
其他效果,让过渡动画显得更加丰富。有以下两种方法可以为统一对象添加上
多个效果。

(1)在状态的开始和结束时增加额外的修改,使系统自动添加。

(2)点击"时间轴"面板上的"Add Action"(添加动作)按钮来添加新的
效果。

7.3.1　添加平滑过渡效果

"Fade In"(淡入)、"Fade Out"(淡出)效果从词义上分析,就是根据对象的
"Alpha"(透明度)的不同来实现对象的"淡入淡出"效果。有很多方式可以为对
象添加该效果。

1. 使用显示或隐藏图层的方式创建"淡入淡出"效果

步骤 1　打开已经完成了页面交互的"交互设计 start.fxp"文件。

步骤 2　选择"zhuye"状态,在"LAYERS"(图层)面板中隐藏"首页 1 级"图
层,Flash Catalyst 会在时间轴面板上自动创建一个"Fade In"(淡入)的效果。
如图 7.14 所示。

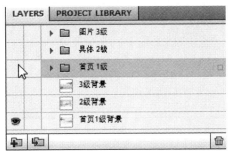

图 7.14

2. 通过"Add Action"(添加动作)按钮创建效果

"Add Action"(添加动作)按钮是添加效果经常使用的方式。它能够使效果添加更加严谨,可以避免因为"显示/隐藏图层"造成的效果混乱问题。步骤如下。

步骤 1 点击"zhuye"状态,在时间轴中选择"State Transitions"(状态转换)栏→"zhuye"→"second"选项。在时间轴面板的顶部为过渡状态的缩略图,"zhuye"为过渡动画播放的开始页面,"second"为过渡动画的结束页面。

步骤 2 点击"Smooth Transition"(平滑过渡)按钮,为状态间添加过渡动画。之后在"State Transitions"(状态转换)栏中就出现了一个"小绿点"表示已经被添加了过渡动画。如图 7.15 所示。

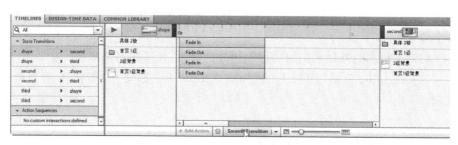

图 7.15

步骤 3 点击该对象时间轴上所有的"Fade In"(淡入)效果,在"PROPERTIES"(属性)面板中取消"Auto"(自动)选项,设置"Opacity"(不透明度)从"50"~"100"。如图 7.16 所示。

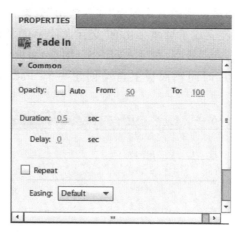

图 7.16

步骤 4 点击"播放"按钮可以查看过渡效果。

步骤 5 按照同样方法,在状态栏中选择"second"状态,在时间轴中选择"State Transitions"(状态转换)栏→"second"→"third"选项。点击"Smooth Transition"(平滑过渡)按钮,为状态间添加过渡动画。

步骤 6 在"PROPERTIES"(属性)面板中取消"Auto"(自动)选项,设置"Opacity"(不透明度)从"50"~"100"。

步骤 7 在状态栏中选择"third"状态,在时间轴中选择"State Transitions"(状态转换)栏→"third→zhuye"选项。点击"Smooth Transition"(平滑过渡)按钮,为状态间添加过渡动画。并且,在"PROPERTIES"(属性)面板中取消"Auto"(自动)选项,设置"Opacity"(不透明度)从"50"~"100"。

因为"平滑过渡"效果是每种效果的基础,如果对象添加了其他效果,如"旋转""缩放",但是没有为其添加"平滑过渡"效果,依旧会显得死板。所以在后期为对象添加效果时,也会同时添加"平滑过渡"的效果。

"Fade"的属性介绍如下。

图 7.17 所示为"Fade Out"选项框,说明如下。

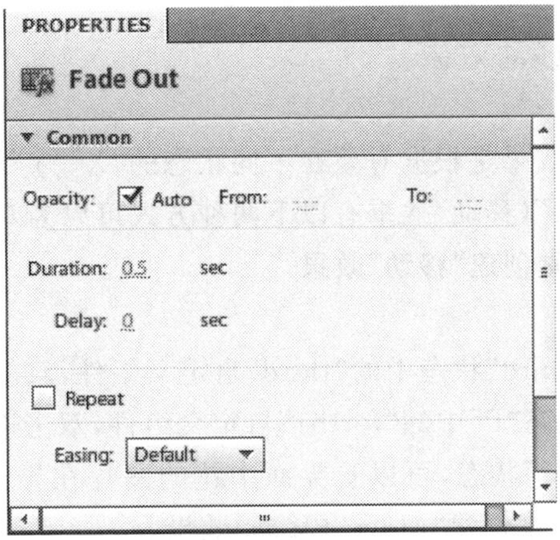

图 7.17

"From"(初始参数):数值参数在"0"~"100"之间的"Opacity"(不透明度)属性。"0"表示完全透明,"100"表示完全不透明。

"To"(初始参数):数值参数在"0"~"100"之间的"Opacity"(不透明度)属性。"0"表示完全透明,"100"表示完全不透明。

"Duration"(持续时间):持续时间不仅可以通过"属性"面板设置,也可以通过拖拽效果条滑块更改。

"Delay"(延迟):延迟相对于过渡或动作序列的开始。这个值不仅可以通过"属性"面板设置,也可以通过拖拽效果条滑块更改。

"Repeat"(重复):可以设置重复效果的指定次数,同时也可选择永远不断重复。

"Easing"(缓动):添加动画,使动画在逐步加速或减速时显得更逼真。

"X and Y Position"(X 和 Y 位置):设置效果对象的开始和结束位置。

"Width and Height"(宽度(W)和高度(H)):在缩放效果中设置对象的开始和结束的大小。

"To and From Angle"(角度):在旋转效果中设置对象的起始和结束时的角度。

改变的过渡时的起始位置说明如下。

在"移动""缩放"和"旋转"的效果中允许指定起始位置进行转换。如果选择了过渡,可以选择状态过渡到具有该对象的另一状态下不同位置。还可以选择相对位置的移动,或特定地点移动到选择的点之间的移动。

要调整大小过渡,可以选择相对于该对象从它的大小调整中的第一位置到该对象所存在的第二位置,或指定大小来设定它的宽度和高度,以改变它的缩放。旋转过渡同样允许在属性中设置相对或特定角度。

7.3.2 添加移动效果

"Move"(移动)效果是根据对象在不同状态的"X""Y"轴坐标的不同来移动对象的效果。"Move"(移动)效果有以下两种方式可以为对象添加该效果。

1. 移动页面元素创建"移动"效果

步骤如下。

步骤 1 选择"third"状态中的"third"自定义组件,双击进入独立编辑模式。

步骤 2 选择状态"P"中的"forth1"自定义组件,双击进入独立编辑模式。

步骤 3 选择"p3"状态,可以看界面中花的图片在界面的右侧。现在通过直接在界面移动图片来创建"Move"(移动)效果。

步骤 4 选中"磐 3 背景"图片,按住键盘方向键左键移动图片,直至到达界面中央。会看到在时间轴自动为其添加上了"移动"效果,只是时间条还为 0。如图 7.18 所示。

步骤 5 点击"Smooth Transition"(平滑过渡)按钮,为状态间添加过渡动画。如图 7.19 所示。

这时可点击"播放"按钮观看效果。

用同样的方法在"third"状态中的"third"3 级状态,"forth"4 级状态中的"forth1""forth2""forth3""forth4""forth5"中的每种花的对象添加同种过渡效果。

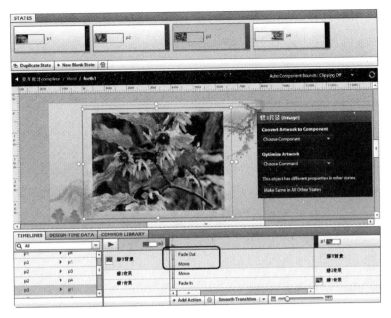

图 7.18

图 7.19

2. 通过"Add Action"(添加动作)按钮创建效果

在界面上选中对象,点击"Add Action"(添加动作)按钮,选择"Move"选项。Flash Catalyst 会自动为对象添加效果,但是"移动"的位置坐标是系统自己定的。可以通过"属性"面板对其位置进行设置。对于"Move"(移动)效果来说,最常用的方式就是直接用鼠标拖动操作对象来添加移动效果。

图 7.20 所示的"Move"属性介绍如下。

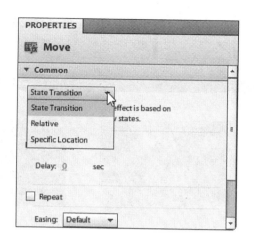

图 7. 20

"State Transition"(状态转换):当对象移动时,根据前一个状态中的位置和后一个状态的位置来播放动画。

"Relative"(相对移动):根据对象当前的位置,移动参数所设置的距离。

"Specific Location"(指定位置移动):将对象移动到指定的位置。选择该选项之后可以继续设置指定的"X""Y"坐标值。

7.3.3 添加缩放效果

"Resize"(改变大小)效果是指在固定时间间隔中改变组件的宽度或高度,或同时改变来创建缩放效果的过程。步骤如下。

步骤 1 选择"zhuye"状态,在"图层"面板中选择"首页 1 级"文件夹中的 5 个图片按钮。

步骤 2 在"State Transition"(状态转换)栏中选择"zhuye ➤ second"选项。

步骤 3 在"时间轴"面板中点击"Add Action"(添加动作)按钮,选择"Resize"(改变大小)选项。

步骤 4 在"属性"面板中选择缩放为"Specific Size",根据自己需要设置"W""H"。

这时可点击"播放"按钮观看效果。

图 7.21 所示的"Resize"属性介绍如下。

"Relative"(相对大小):根据对象当前的大小,缩放参数所设置的过渡效果。

"Specific Size"(绝对大小):将对象缩放到指定的大小。选择该选项之后可以继续设置指定的"H""W"。

图 7.21

当在界面上直接用鼠标缩放对象大小时，如果按住了"Shift"键，即可保持左上角不变的情况下缩放。如果按住"Alt"键，则是让对象以中心为圆点缩放。在 Flash Catalyst 对象默认以左上角为圆点，现在以中心为圆点。

7.3.4　添加旋转效果

步骤如下。

步骤 1　点击"third"状态，同时选中界面上的"third"自定义组件。

步骤 2　在"State Transition"（状态转换）栏中选择"third ➤ zhuye"选项。

步骤 3　在"时间轴"面板中点击"Add Action"（添加动作）按钮，选择"Rotate"（旋转）选项。如图 7.22 所示。

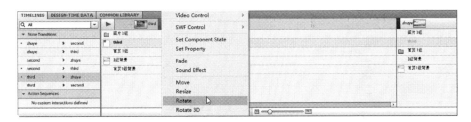

图 7.22

步骤 4　在"属性"面板中，可以根据需要设置旋转"Angle"（角度）大小。如图 7.23 所示。

这时可点击"播放"按钮观看效果。

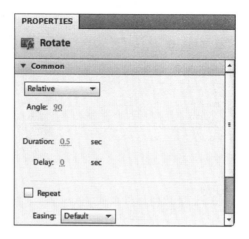

图 7.23

7.3.5 添加 3D 旋转效果

"Rotate 3D"(3D 旋转)效果是指对象在"X""Y""Z"中,围绕中心旋转目标对象。步骤如下。

步骤 1 点击"zhuye"状态,在"图层"面板中选择"首页 1 级"文件夹中的"文字"图层。

步骤 2 在"State Transition"(状态转换)栏中选择"zhuye ❥ second"选项。

步骤 3 在"时间轴"面板中点击"Add Action"(添加动作)按钮,选择"3D Rotate"(3D 旋转)选项。如图 7.24 所示。

图 7.24

步骤 4 在"属性"面板中,可以看到有 3 种旋转方式"绕 X 轴旋转""绕 Y 轴旋转""绕 Z 轴旋转",可以根据需要设置。如图 7.25 所示。

这时可点击"播放"按钮观看效果。

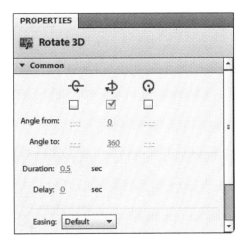

图 7. 25

7.4 时间轴控制节奏效果分析

向对象添加了过渡动画效果后,可以在"属性"面板中对每种效果进行属性设置。默认的运动方式是在动画开始和结束都匀速地播放过渡动画。"Easing"(缓动)效果可以让物体逐渐加速或减速,使动画看起来逼真。

用户可以通过在属性面板中设置前后的"Easing transitions"效果达到更逼真的动作。缓动包括两个阶段:加速,其次是减速。缓动在属性面板中有多种选项。如图 7.26 所示。

说明如下。

"Default"(默认值):从动画开始到结束都是匀速运动,从开始到结束都是一个恒定的速率。

"Linear"(线性):存在用三个阶段缓动:匀速,加速,减速。在动画开始时,对象会由"Ease In"(缓动驶入)在指定的时间内加速,接着在下一个阶段中使用"匀速"运动,最后由"Ease Out"(缓动驶出)在指定时间内减速,直到结束。如图 7.27 所示。

"Sine"(正弦):包括两个阶段:加速或缓入阶段,减速或缓出阶段。使用"Ease Out"(缓动驶出)属性,是指定的动画加速百分数。如图 7.28 所示。

"Power"(乘方):通过使用多项表达式定义缓动效果。包括两个阶段:加速或缓入阶段,减速或缓出阶段。加速和减速的速率是基于"Exponent"(指数)属

图 7.26

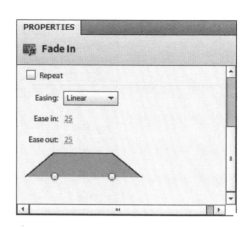

图 7.27

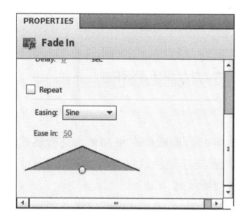

图 7.28

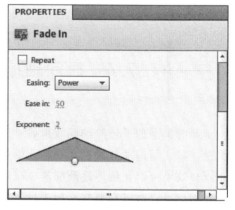

图 7.29

性来设定的。"Exponent"（指数）数值越大，加速和减速的速率就越快。使用"Ease In"（缓动驶入）属性，是指定的动画加速百分数。如图 7.29 所示。

"Elastic"（伸缩）：实现缓动功能，此时目标对象移动是由一个指数衰减正弦波来设定的。效果目标向着最终值减速，然后继续通过最终值。当围绕在最终值越来越小时，增量震荡，最后达到终值。

"Bounce"（弹跳）：实现缓动功能，使移动物体到达目的地，然后再沉降到其最终位置之前弹开。

用户可以自己通过调整"时间轴"上的不同对象的"时间条"来控制不同对象的开始和结束时间。通过延长、缩短、错位"时间条"的方式来让过渡动画效果更加丰富，增加用户体验感。如图 7.30 所示。

最后，点击菜单栏中的"File"（文件）→"Run Project"（运行项目）或按下键盘"Ctrl"+"Enter"快捷键，在浏览器中浏览项目效果。

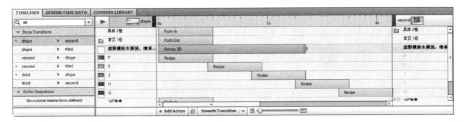

图 7.30

第 8 章

Flash Catalyst 视频应用分析

8.1 添加视频方法

到现在为止,几乎所有的网页浏览器中都安装了 Flash Player,所以现在非常容易在网页上播放 Flash 视频文件(FLV/F4V)。但不是所有的视频都是 FLV/F4V 格式的,所以想把这些你喜欢的视频应用到 Flash Catalyst 之前,必须先把它们重新编码,才可以运用到 Flash Catalyst 中。

编码包括把需要的视频片段转换成 Flash Player 兼容的格式,Flash Catalyst 支持 FLV 和 F4V 视频格式。

在 Flash Catalyst CS5.5 中支持"FLV"文件、"F4V"视频文件和"MP3"的音频文件导入。该文件被添加到"库面板"的多媒体部分,同时显示每个视频或音频文件的大小。

但并不是所有的文件都是"FLV"或"F4V"的格式,因此在将文件导入 Flash Catalyst 之前,需要通过视频编码软件将其重新编码,再导入 Flash Catalyst。编码软件可以使用 Adobe 公司的"Adobe Media Encoder",将需要的文件转换为 Flash Catalyst 支持的"FLV"或"F4V"格式。

当用户向 Flash Catalyst 单独导入一个视频时,在该图层中就会自动创建一个"视频播放器",同时视频播放器也会被创建在界面中。导入的视频及音频资源都可以在"PROJECT LIBRARY"(项目库)中找到,并且可随时调用。

但是要注意:导入的视频文件的大小不能超过 150MB,否则 Flash Catalyst

会自动弹出对话框表明"导入错误",提示无法导入。如图 8.1 所示。

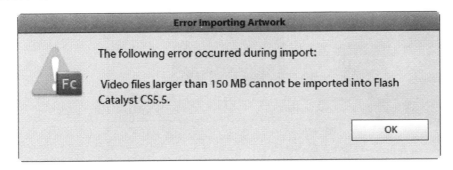

图 8.1

添加视频的步骤如下。

步骤 1 选择"movie"状态,单击菜单栏中的"File"(文件)→"Import"(导入)→"Video/Sound File"(视频/音频文件)选项。如图 8.2 所示。

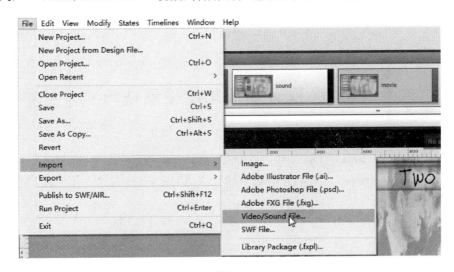

图 8.2

步骤 2 在弹出的对话框中选择"lesson8"文件夹→"视频"文件夹中的→"one. flv"文件→点击"OK"按钮。

步骤 3 选择"two. flv"文件和"three. flv"文件→点击"OK"按钮。

步骤 4 导入之后在"LAYERS"(图层)面板中会添加一个"Video Player"(视频播放)图层,在"PROJECT LIBRARY"(项目库)面板中的"Media"(多媒体)中也可以看到刚才导入的视频文件。如图 8.3 所示。

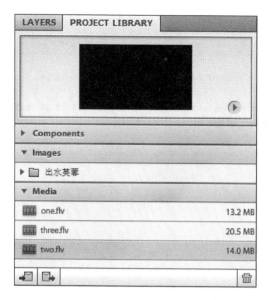

图 8.3

 8.2　视频播放功能设置技巧

当用户向 Flash Catalyst 导入资源后,为了方便项目中对象的调用,可以在"PROJECT LIBRARY"(项目库)面板中来浏览对象,其中包含了不同图层存放不同类型的对象。

8.2.1　在资源库中操作视频

如果视频和音频文件的名称很相似,则不便于在项目中很好地识别它们。Flash Catalyst 的资源库面板提供了预览功能功能,可以在添加视频到应用程序之前就很方便地预览。步骤如下。

步骤 1　在"PROJECT LIBRARY"(项目库)面板中选择"one. flv"文件。

步骤 2　在面板顶端预览框中有控制视频的按钮,点击"播放"按钮,视频就会在窗口中播放。如图 8.4 所示。

步骤 3　点击"暂停",就会暂停。如图 8.5 所示。

图 8.4

图 8.5

8.2.2　添加视频到应用程序

Flash Catalyst 有两种方法可以将视频添加到应用程序中。

方法 1　直接导入视频文件到现有的状态中。

方法 2　从"PROJECT LIBRARY"(项目库)面板中拖拽所需视频到当前状态的界面上。

当用户添加视频到应用程序时,视频资源依旧在"项目库"中,同时在"LAYERS"(图层)面板中也会同时创建一个图层,并显示在界面中。步骤如下。

步骤 1　选择"movie"状态,将"one. swf"文件拖拽到界面上。

步骤 2　为了能够使界面中的对象能够全部显示,可使用"工具箱"中的"缩放工具"将画布尺寸调整到合适大小。如图 8.6 所示。

图 8.6

步骤 3　文件会覆盖界面上的所有对象,按住"Shift"+"Ctrl"快捷键,用鼠标拖动视频,将其缩放至界面上合适的位置。

步骤 4　在界面上可以看到视频被嵌入到一个视频播放器中。在视频播放器的下方包含了一组视频控制按钮,可以在预览视频时方便对视频的控制。如果用户有自定义的按钮,也可以替换这些控件。如图 8.7 所示。

步骤 5　打开"LAYERS"(图层)面板,视频播放对象已经被添加到"图层"面板中。双击图层将其命名为"one Video Player"。如图 8.8 所示。

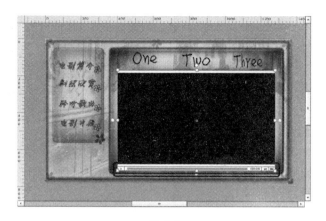

图 8.7

步骤 6 同样,将"库"面板中的"two. flv""three. flv"文件拖入到"movie"状态,并调整大小和坐标与"one. flv"文件相同。

步骤 7 在"图层"面板中将它们分别命名为"twoVideo Player""three Video Player"。如图 8.9 所示。

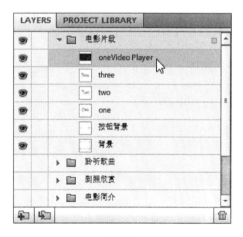

图 8.8   图 8.9

8.2.3 视频播放属性介绍

视频播放器与其他组件相同,可以存在于一个和多个状态中,在每个状态也可以在"属性"面板设置它的不同属性。如图 8.10 所示。

"Common"(一般)属性介绍如下。

视频播放器像其他组件一样,可以存在于一个和多个状态之中,在每个状态

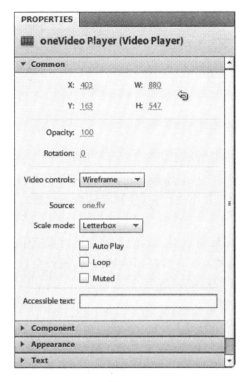

图 8.10

之中都可以设置视频播放器不同的属性。可以在视频属性面板内修改视频播放器的属性。

"Opacity"（不透明度）：更改视频的不透明度。

"Video controls"（视频控件）：更改显示在视频播放器下方的控件。可以在线框、标准和无之间选择。如图 8.11 所示。

"Source"（资源）：是指链接到项目库中的视频资源。可以通过改变不同状态的视频播放器的来源属性来播放不同的视频文件。使在通过单击"Source"（资源）按钮后，视频播放器之前所进行的添加、布局、属性设置则会被添加到新的视频中，可减少多次操作。

"Scale Mode"（缩放模式）：可以调整视频的大小。如图 8.12 所示。

"Scale Mode：None"（缩放模式：无）：视频不会根据视频播放器的大小来改变，而是显示自然大小，如果视频超出视频播放器的边界则会被裁剪。

"Scale Mode：Letterbox"（缩放模式：信箱）：视频内容和视频播放器保持均匀缩放，且尽可能不裁剪视频。当视频内容和视频播放器的宽高比不同时，就会在视频周围出现"黑色带"或"白色带"。

"Scale Mode：Zoom"（缩放模式：缩放）：改变视频画面的尺寸去匹配视频

图 8.11

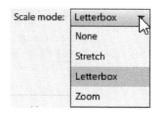

图 8.12

播放器的尺寸,直到视频填充框架。

"Scale Mode:Stretch"(缩放模式:扭曲):视频不会被裁剪,但是视频的比例不均匀,非均匀缩放导致出现扭曲,使视频适合视频播放器的边框。如图8.13所示。

在"属性"面板中同样可以对视频的初始化进行设置。

"AutoPlay"(自动播放):在转换到该状态时,视频会自动开始播放。

"Loop"(循环):视频播放到结束,然后重复。

"Muted"(静音):音量设置为 0。

"Accessible Text"(访问的文本):文字自适应识别技术,如屏幕阅读器。

"Component"(部件)属性:如果加入的视频中是带有声音的,则可以在"Component"选项中对声音进行设置。如图 8.14 所示。

图 8.13

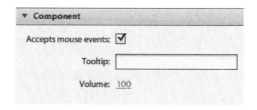

图 8.14

"Accepts mouse events"(允许鼠标事件):在视频播放控制中,允许鼠标对其进行一系列操作,如控制音量等。

"Volume"(音量):设置在视频文件中音频的音量。

8.2.4 设置视频属性

设置视频属性的步骤如下。

步骤 1 在"图层"面板中选择"电影片段"文件夹中的"one Video Player"。

步骤 2 在"属性"面板中将"Scale Mode"(缩放模式)的属性改为"Stretch"(扭曲)。

步骤 3 将"Auto Play"(自动播放)和"Loop"(循环播放)的选项框勾选上。如图 8.15 所示。

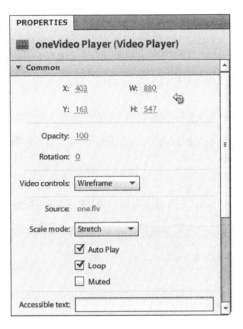

图 8.15

步骤 4 将"twoVideo Player""threeVideo Player"视频也进行同样的属性设置。

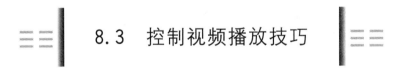

8.3 控制视频播放技巧

　　Flash Catalyst 提供了默认的视频控件来控制视频的播放、暂停、进度控制和全屏播放等。如果用户在设置时取消了默认的视频控件,则需要用户自己导入"播放""暂停"按钮来控制视频的播放。

　　可以使用 Flash Catalyst 自带的绘图工具去创建一个自定义的视频控制组件,也可以由视频线框组件面板里提供的组件来控制视频,这个组件的功能可以简单到只用一个按钮来控制视频的播放,也可以复杂到创建一个多状态自定义组件,比如播放、暂停、重新播放这样的功能。当控制组件创建完毕之后,就需要为这些组件添加一些交互功能来控制视频的播放。

　　当用户想 Flash Catalyst 导入自定义的控件或是用自带的绘图工具去创

建,都需要为这些组件添加交互功能来控制视频的播放。控制视频播放一般有以下两种方式。

（1）在时间轴面板添加新的动作。

（2）在该视频的状态中为按钮添加交互动作。

8.3.1　"Video Control"视频控制过渡

步骤如下。

步骤 1　在"movie"状态或在"LAYERS"（图层）面板中,选中"one Video Player"视频播放器。

步骤 2　在"时间轴"面板中单击"Add Action"（添加动作）按钮,在菜单中选择"Video"（视频）→"play"（播放）选项。如图 8.16 所示。

图 8.16

步骤 3　在"时间轴"面板上回添加一个"Play Video"（播放视频）的时间条,可以在"属性"（面板）中设置它的时间。如图 8.17 所示。

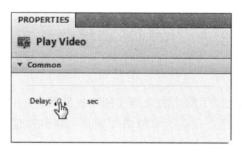

图 8.17

步骤 4　在菜单栏中选择"Flie"（文件）→"Run Project"（运行项目）或按"Ctrl"+"Enter"快捷键运行文件。

在本项目中,有专门的按钮来控制视频的播放,所以按"Ctrl"+"Z"快捷键将刚才设置的效果取消,或是在"时间轴"上点击"删除"按钮将效果取消。

8.3.2 添加按钮交互控制视频播放

步骤如下。

步骤 1 在"movie"状态中选择名为"one"的"Button"按钮。

步骤 2 单击"INTERACTIONS"（交互）面板中的"Add Interaction"（添加交互）按钮。

步骤 3 在弹出的对话框中对"oneVideo Player"添加"Play Video"动作，当在"movie"状态时，点击"OK"按钮。如图 8.18 所示。

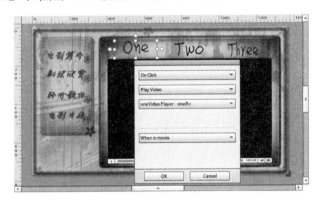

图 8.18

步骤 4 选择"Flie"（文件）→"Run Project"（运行项目）或按"Ctrl"＋"Enter"快捷键运行文件。当点击"one"按钮后，视频会自动播放，且用户可以根据视频控制器来操作视频。

为了防止另外两个视频播放时造成视频重叠现象，还要为"one"按钮添加"停止播放视频"的交互。

步骤 5 单击"INTERACTIONS"（交互）中的"Add Interaction"（添加交互）按钮。在对话框中为"twoVideo Player"添加"Stop Video"动作，当在"movie"状态时，点击"OK"按钮。如图 8.19 所示。

步骤 6 再次点击"Add Interaction"（添加交互）按钮。在对话框中为"threeVideo Player"添加"Stop Video"动作，当在"movie"状态时，点击"OK"按钮。最终为一个控制按钮添加 3 个交互动作。如图 8.20 所示。

步骤 7 用同样的方法为另外两个按钮添加交互动作。在"movie"状态中选择名为"two"的"Button"按钮，单击"INTERACTIONS"（交互）面板中的"Add Interaction"（添加交互）按钮，在弹出的对话框中为"twoVideo Player"添加"Play Video"动作，当在"movie"状态时，点击"OK"按钮。如图 8.21 所示。

图 8. 19

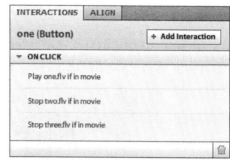

图 8. 20

步骤 8 点击"Add Interaction"（添加交互）按钮。在对话框中为"oneVideo Player"添加"Stop Video"动作,当在"movie"状态时,点击"OK"按钮。

步骤 9 点击"Add Interaction"（添加交互）按钮。在对话框中为"threeVideo Player"添加"Stop Video"动作,当在"movie"状态时,点击"OK"按钮。如图 8. 22 所示。

图 8. 21

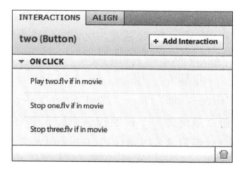

图 8. 22

步骤 10　　在"movie"状态中选择名为"three"的"Button"按钮,单击
"INTERACTIONS"(交互)面板中的"Add Interaction"(添加交互)按钮。在弹
出的对话框中为"threeVideo Player"添加"Play Video"动作,当在"movie"状态
时,点击"OK"按钮。如图 8.23 所示。

　　步骤 11　　点击"Add Interaction"(添加交互)按钮。在对话框中为
"oneVideo Player"添加"Stop Video"动作,当在"movie"状态时,点击"OK"
按钮。

　　步骤 12　　点击"Add Interaction"(添加交互)按钮。在对话框中为
"twoVideo Player"添加"Stop Video"动作,当在"movie"状态时,点击"OK"按
钮。如图 8.24 所示。

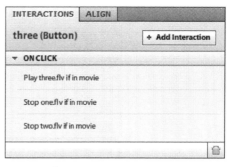

图 8.23　　　　　　　　　　　　　　　　图 8.24

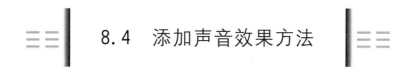

8.4　添加声音效果方法

　　声音效果不单单是为了好玩,它在很大程度上可以提升应用程序。音效可
以通过添加交互序列的方式添加到按钮、菜单或交互对象之上。声音效果用于
背景音乐或按钮上的声音效果。

　　Flash Catalyst 可以为按钮添加声音特效,按钮在操作时可以发出声音特
效,使项目操作更加丰富。此外,Flash Catalyst 也可以导入".mp3"文件在项目

中播放。

8.4.1 导入音频效果

导入音频效果的步骤如下。

步骤 1 选择"sound"状态,单击菜单栏中的"File"(文件)→"Import"(导入)→"Video/Sound File"(视频/音频文件)选项。

步骤 2 在弹出的对话框中选择"lesson8"文件夹→"视频"文件夹中的→"yinyue1. flv"和"yinyue2. mp3"文件→点击"OK"按钮。

在"PROJECT LIBRARY"(项目库)面板中的"Media"(多媒体)中可以看到刚才导入的音频文件。如图 8.25 所示。

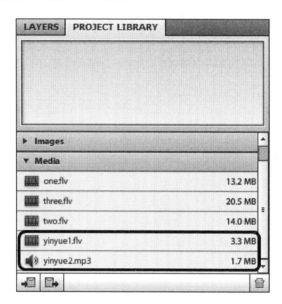

图 8.25

8.4.2 为按钮添加声音效果

为按钮添加声音效果的步骤如下。

步骤 1 在"时间轴"面板的"State Transitions"(状态转换)中选择"sound>sound1",在"图层"面板中选中"start1"按钮。

步骤 2 单击"Add Action"(添加动作)按钮,选择"Sound Effect"(声音效果)选项。如图 8.26 所示。

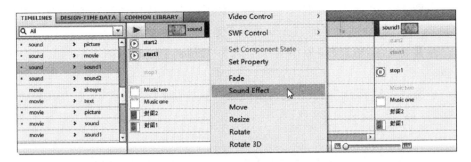

图 8.26

步骤 3 在弹出的"资源选择"窗口选择"Media"(多媒体),再选择刚才导入的声音效果。也可通过"Import"(导入)按钮再次导入资源。如图 8.27 所示。

步骤 4 选择"yinyue1.mp3",单击"OK"按钮。

步骤 5 在"时间轴"面板上会自动添加一个声音效果条,可以拖拽时间条或"属性"面板中修改声音持续时间。设置"Duration"(持续)时间为"180",将"Repeat"(重复)勾选。如图 8.28 所示。

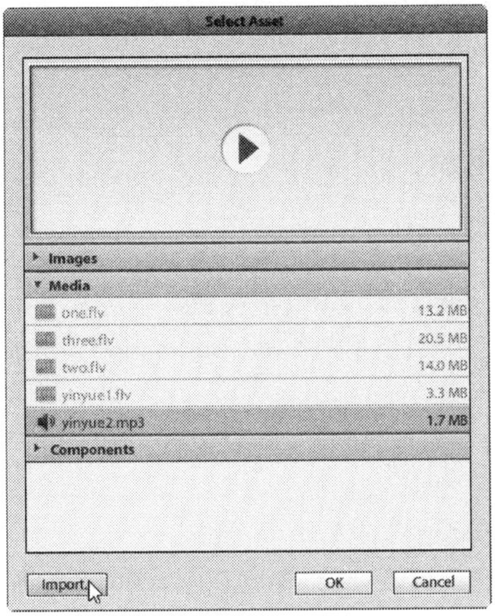

图 8.27

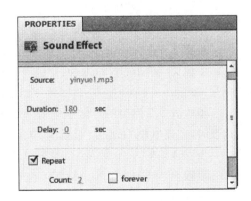

图 8.28

8.4.3 为页面添加声音效果

为页面添加声音效果的步骤如下。

步骤 1   选择"sound"状态，在"PROJECT LIBRARY"（项目库）中将"Media"（多媒体）选项中的"yinyue2.flv"文件拖拽到界面上。

步骤 2   在"图层"面板中会添加名为"Video Player"（图层），将其改名为"yinyue2"。

步骤 3   在"属性"面板中将"Opacity"（不透明度）设置为"0"，让其在界面上处于透明状态。如图 8.29 所示。

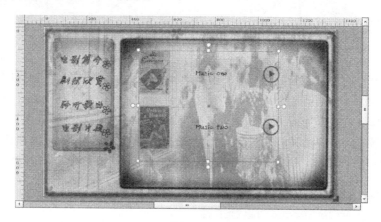

图 8.29

8.4.4   添加按钮交互控制音频播放

添加按钮交互的步骤如下。

步骤 1   在"sound"状态中选择名为"start2"的"Button"按钮。

步骤 2   单击"INTERACTIONS"（交互）面板中的"Add Interaction"（添加交互）按钮。

步骤 3   在弹出的对话框中为"yinyue2"添加"Play Video"动作，在"sound"状态时，点击"OK"按钮。如图 8.30 所示。

步骤 4   在"sound2"状态中选择名为"stop2"的"Button"按钮。

步骤 5   单击"INTERACTIONS"（交互）面板中的"Add Interaction"（添加交互）按钮，在弹出的对话框中为"yinyue2"添加"Stop Video"动作，在"sound2"状态时，点击"OK"按钮。现在就能让页面转换到"sound2"状态时可以暂停播放。如图 8.31 所示。

这时可选择"Flie"（文件）→"Run Project"（运行项目）或按下"Ctrl"＋"Enter"快捷键观看效果。

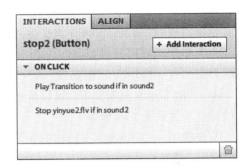

图 8.30　　　　　　　　　　　　　　图 8.31

8.5　添加 Flash 动画

　　视觉效果的关键就在于怎样吸引用户的注意力。一个富有激情、内容饱满的设计，需要考虑的不仅是好的创意、完善的构思，还需要各种设计工具相互配合才能完成。这种视觉效果大多数都是基于矢量动画的，创建这种效果的目的大多都为了项目的需要。

　　Adobe Flash Catalyst 已经可以通过图像淡入淡出、移动这些简单的平滑过渡做出很棒的效果，但是如果需要更高级、更复杂的效果的话，就需要使用 Adobe Creative suite（Adobe 创意套件）工具来创建并发布"SWF"文件。这个"SWF"文件会像一个图片或资源文件导入 Adobe Flash Catalyst 项目。导入"SWF"文件可以迅速扩展 Adobe Flash Catalyst 处理复杂交互动画的能力。

　　Flash Catalyst 可以导入 Flash 动画，使项目变得更加丰富，可以迅速扩展 Adobe Flash Catalyst 处理复杂动画的能力，可以在很大程度上提升用户体验感。

8.5.1　在 Flash Catalyst 中使用"SWF"文件

　　"SWF"是指应用在网络中展示矢量图形动画和文本声音视频文件的格式。

"SWF"文件可以通过 Adobe Flash Player 和 Adobe AIR 使用。很多程序可以与"SWF"结合,但不是所有"SWF"文件都可以应用到 Adobe Flash Catalyst 中。

大多数"SWF"文件都是比较复杂的交互应用程序,Flash Catalyst 可以使用 Adobe Flash Professonal 发布,所发布的"SWF"文件版本为 3.0。

如果想对"SWF"文件进行编辑的话,需要在 Adobe Flash Professional 应用程序修改完后重新发布,然后再导入 Adobe Flash Catalyst,才能进行更新。或者单击面板的"Source link"(源链接)属性,更改原有旧的"SWF"文件。

大多数"SWF"文件都是一个相对比较复杂的交互应用程序,一般会在运用时动态加载一些内容。比如说"movie"的"SWF"文件包含一个外部视频链接"my movie",把它复制到 FC 视频目标文件的同级目录下,这样在加载"SWF"文件时就会加载上。步骤如下。

步骤 1 在菜单栏中选择"File"(文件)→"Import"(导入)→"SWF File"("SWF"文件)。

步骤 2 在弹出的对话框中选择"lesson8"→"视频"文件夹中的"光线.swf"文件→单击"打开"按钮。如图 8.32 所示。

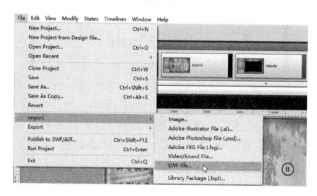

图 8.32

步骤 3 在"图层"面板中会添加一个新的图层名为"SWF Asset",同时在"PROJECT LABRARY"(项目库)面板中的"Image"(图片)目录下会添加这个"光线.swf"文件。如图 8.33 所示。

步骤 4 在"sound1"状态中按住"Shift"键,用鼠标拖拽"SWF"文件放置在界面的合适位置。

步骤 5 可以通过"属性"面板改变文件的属性,根据需要也可调整"Opacity"(不透明度)。如图 8.34 所示。

步骤 6 在界面上选择"SWF Asset"文件,右键单击选择"Share"(分享)→"sound2"状态。让该"SWF"文件同时共享到"sound2"状态中。如图 8.35 所示。

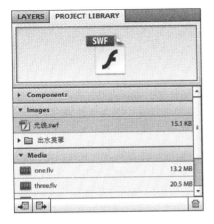

图 8.33

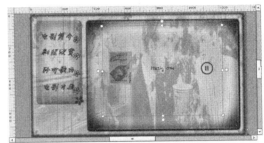

图 8.34

图 8.35

8.5.2 控制"SWF"播放

大多数的"SWF"文件由许多帧组成,大多数都是被应用到导航按钮或是交互控件之中。对于这些"SWF"文件来说,在需要添加交互时,要编辑它们在什么时候播放和停止,甚至编辑在什么时候开始播放或停止在某一个特定的帧上。步骤如下。

步骤 1 选中"sound1"状态,在"时间轴"中的"State Transitions"(过渡状态)列表中选择"sound ➤ sound1"状态。

步骤 2 单击"Add Action"(添加动作)按钮,选择"SWF Control"(控制

SWF)→"Play"(播放)选项。如图 8.36 所示。

图 8.36

步骤 3 同样在"时间轴"中的"State Transitions"(过渡状态)列表中选择
"sound ➤ sound2"状态。单击"Add Action"(添加动作)按钮,选择"SWF
Control"(控制 SWF)→"Play"(播放)选项。如图 8.37 所示。

图 8.37

这时选择"Flie"(文件)→"Run Project"(运行项目)或按下"Ctrl"+
"Enter"快捷键,运行文件观看效果。

第 9 章

Flash Catalyst 数据应用探索

9.1 数据列表功能

当用户的项目需要在有限的空间配合大量的内容时，建立滚动的图像、面板和列表是一个很好的解决方案。Flash Catalyst 为这个目的设计了两种互动部分：数据列表和滚动面板。

数据列表是一种特殊类型的用于检索和显示一系列相关项目的组件。在 Flash Catalyst 的数据列表中的每个唯一的记录包括图片、文本，或两者的组合。

数据的呈现方式相对较为死板，但是使用数据列表（Data List）来展示内容，可以使用用户自定义的数据信息，使呈现数据的方式变得丰富，更有视觉冲击力，增加用户的交互体验感。列表可以缩略图，从中选择并查看其他内容或导航到应用程序中的新位置。

用户可以在 Flash Catalyst 中便捷地设计及修改项目的视觉外观。

- 可以水平、垂直排列数据列表或在页面上的网格。
- 通过增加一个滚动条，可以延长该列表，使其包括更多数量的项目。
- 每个数据表组件必须包括被称为主项的"重复项目。"该重复项目是定义每一个项目的列表中出现的模板。例如，用户可以用图片、文字描述创建一个重复的项目。列表中的每个项目共享这些共同的元素和属性。列表中重复项目的更改将在运行时自动应用到每一个项目。如图 9.1 所示。

数据列表是由三部分组成：数据、皮肤列表和用于重复项目的皮肤。使用

图 9.1

Flash Catalyst 可以设计皮肤列表和项目渲染器。当设计项目渲染器时,用户可以改变属性且不会影响到基础数据的任何属性。例如,如果列表包含文本,可以更改字体、颜色、大小,以及任何类似性质。

要在 Flash Catalyst 创建滚动面板,需要以下几个要素。

- 定义面板区域,例如矩形形状(可选)。
- 滚动内容,如文本或一系列图像(必需)。
- 用于滚动内容的滚动条(推荐)。

数据列表的功能如下。

1. 数据应用

Flash Catalyst 中的数据列表是一种特殊的组件,创建者可以通过对数据列表的应用来丰富数据的检索和呈现方式。当想要呈现的数据足够多时,可以对其进行合理的布局。作为用户,就可以通过对数据列表的操作,浏览更多的信息。

2. 列表

简单地说就是滚动条,它包括滑块和一个滚动条轨道。由滚动条组合起来的临时数据条目都是图片、文字相结合起来生成的。所以,Flash Catalyst 中的数据列表更像是一个菜单,可以将其中的信息以列表的形式给用户呈现,而且用户可以通过拖动滑块来无限展示数据里面的条目内容。

3. 数据布局

用 Flash Catalyst 整合数据有很多方式,并不只有单独的文字或图片,还可以有图片及文字混合排列的方式,以避免单一的布局效果。

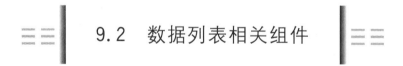

9.2　数据列表相关组件

有两种创建数据列表的方式。

一种方式是使用 Flash Catalyst 中内置的 Data List(数据列表)组件,可以达到快速创建的目的,或是用绘图工具自己创建相关的滚动条,再通过转换组件来达到目的。

另一种方式是通过 Flash Catalyst 导入 Adobe Photoshop 已做好的线框列表,并将其转换为 Data List 的方式。

9.2.1　内置 Data List 组件

步骤如下。

步骤 1　打开 Flash Catalyst CS5.5→单击"Create New Project"(创建新项目)→ 保持默认参数,点击"OK"按钮。

步骤 2　单击在"DESIGN-TIME DATA"(临时数据)旁边的"COMMON-LIBRARY"(一般库)面板→将"Data List"(数据列表)组件拖拽到界面上。如图 9.2 所示。

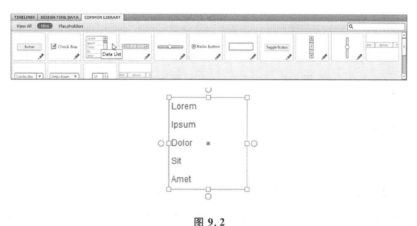

图 9.2

步骤 3　双击组件命名后进入独立编辑模式。

9.2.2　内置相框"**Data List**"(数据列表)组成部分

组成部分如下。

(1)文本输入组件组成的数据组"Item"(单独条目)。如图 9.3 所示。

(2)点击"DESIGN-TIME DATA"(临时数据)面板,可以看到它的数据内容,它也是组成数据列表中不可缺少的成分,它会根据数据的多少自动添加或减少

图 9.3

内容条目。如图 9.4 所示。

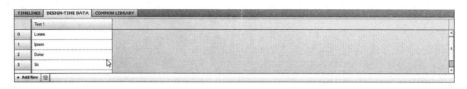

图 9.4

（3）竖向滚动条，在数据超出列表高度时，竖向滚动条会自动出现。如图9.5所示。

（4）横向滚动条，在数据超出列表宽度时，横向滚动条会自动出现。如图9.6所示。

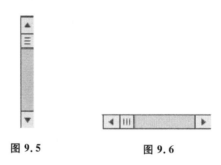

图 9.5　　　　　　　图 9.6

（5）双击文本输入组件组成的数据组"Item"（单独条目），可进入组件的独立编辑模式。

（6）在"Page/States"（页面/状态）面板中，可以看到三种状态："Nomal"（正常）、"Over"（鼠标滑过）、"Selected"（鼠标点击）。用户可以通过"PROPERTIES"属性面板调整这些状态的属性，如图 9.7 所示。

图 9.7

9.3　创建 Data List 相关组件方法

在创建一个自定义的 Data List 组件之前需要准备好以下两个必要元素。

（1）设计一个"Item"（条目）来生成数据列表。

（2）设计一个"Scroll Bar"（滚动条）来延长用户界面有限的空间。

9.3.1　用矩形工具创建 **Data List** 滚动条组件

步骤如下。

步骤 1　在工具面板中的"rectangle"（矩形工具）上长按，可访问隐藏的工具。

步骤 2　选择"rounded rectangle"（圆角矩形）工具。如图 9.8 所示。

步骤 3　在界面上画出一个长的圆角矩形，可在"PROPERTIES"（属性面板）中更改它的填充颜色。如图 9.9 所示。

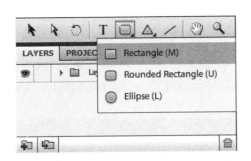

图 9.8

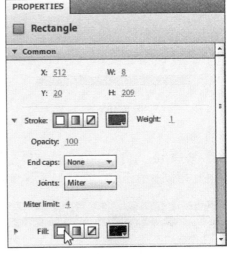

图 9.9

步骤 4　同样画出一个小的圆角矩形，可以在"PROPERTIES"（属性面板）中更改它的填充颜色，达到最终效果。如图 9.10 所示。

步骤 5　在"Layer"（图层）面板中，选中创建好的两个图形。

步骤 6　在"HUD"面板中的"Convert Artwork to Component"（转化成数据列表一部分）下拉选项中选择"Horizontal Scrollbor"（水平滚动条）。如图 9.11 所示。

步骤 7　在弹出的窗口中会自动生成对组件的命名，也可以重新对其命名，再点击"OK"按钮。

步骤 8　在"HUD"面板中单击"Edit Parts"（编辑组件），进入独立编辑模式。如图 9.12 所示。

步骤 9　在界面上选择小的圆角矩形，在"HUD"面板中单击"Thumb"（滑

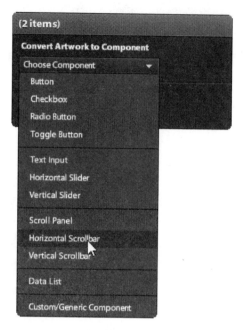

图 9.10　　　　　　　　　　　　　　　　　　图 9.11

块)选项。

　　步骤 10　选择长的圆角矩形,在"HUD"面板中单击"Track"(轨道)选项。此时,用矩形工具创建的 Data List 滚动条组件就做好了。如图 9.13 所示。

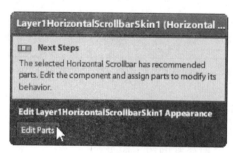

图 9.12

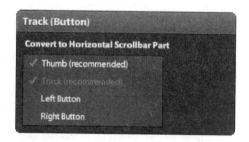

图 9.13

9.3.2　创建纯图片的 Data List

步骤如下。

　　步骤 1　打开"start1"案例,双击进入。

　　步骤 2　打开"Layers"(图层)面板中名为"首页"的文件夹。

步骤 3 选中名为"按钮"的文件夹,将设计元素全部选中。如图 9.14 所示。

步骤 4 在"HUD"面板中的"Convert Artwork to Component"下拉选项中选择"Horizontal Scrollbor"(水平滚动条),将其转化为水平滚动条组件。

步骤 5 在弹出的窗口中自动生成对组件的命名,也可以重新对其命名。

步骤 6 点击"OK"按钮。

步骤 7 在"HUD"面板中单击"Edit Parts"(编辑组件),或双击界面上的组件,进入独立编辑模式。

步骤 8 选中"滑块"的设计元素,在"HUD"面板中勾选"Thumb"(滑块)选项。

步骤 9 选中"轨道"设计元素,在"HUD"面板中勾选"Track"(轨道)选项。如图 9.15 所示。

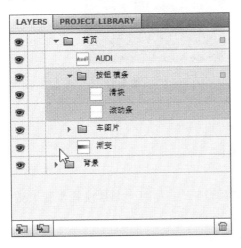

图 9.14

图 9.15

步骤 10 在状态面板中点击"start1"返回"start1"的主页面。如图 9.16 所示。

图 9.16

步骤 11 在"LAYERS"(图层)面板中同时选中创建的滚动条组件和车图片文件夹。如图 9.17 所示。

步骤 12 在"HUD"面板中的"Convert Artwork to Component"下拉选项中选择"Data List"选项,将它们转换为数据列表组件。如图 9.18 所示。

这时可在菜单栏中选择"Flie"(文件)→"Run Project"(运行项目)或按下

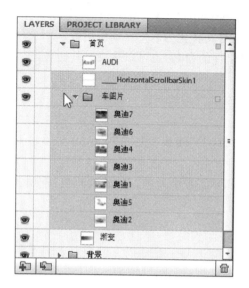

图 9.17

图 9.18

"Ctrl"＋"Enter"运行文件,浏览效果。

9.3.3 创建图文混排的 Data List

有了图片数据列表制作的学习作为基础,纯文字和图文混排模式步骤大致上是一致的。下面主要介绍图文混排模式。步骤如下。

步骤 1 打开"start2"文件,双击进入界面。

步骤 2 在"LAYERS"(图层面板)上选择"详细内容"文件夹下的"a3 文件夹",将"按钮条"文件夹中的元素全部选中。

步骤 3 在"HUD"面板中的"Convert Artwork to Component"下拉选项中选择"Vertical Scrollbor"(水平滚动条),将其转换为竖直滚动条组件。

步骤 4 弹出的窗口会自动生成对组件的命名,也可以重新对其命名,再点击"OK"按钮。

步骤 5 在"HUD"面板中单击"Edit Parts"(编辑组件),或双击界面上的组件,进入独立编辑模式。

步骤 6 选中"滑块"的设计元素,在"HUD"面板中勾选"Thumb"(滑块)选项。再选中"轨道"设计元素,在"HUD"面板中勾选"Track"(轨道)选项。

步骤 7 在状态面板中点击"start2"返回"start2"的主页面。如图 9.19 所示。

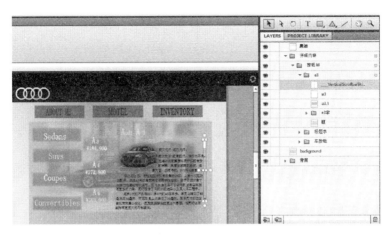

图 9.19

步骤 8 在"LAYERS"(图层)上选中"a3 字"文件夹中的所有元素。

步骤 9 在菜单中选择"Modify"(修改)→"Group"(组)命令,或按下"Ctrl"+"G"组合键,把所有元素转换为一个组。

步骤 10 同时选中"a3 字"下的图文"Group"组件和"Vertical Scrollbor"(竖直滚动条)组件。如图 9.20 所示。

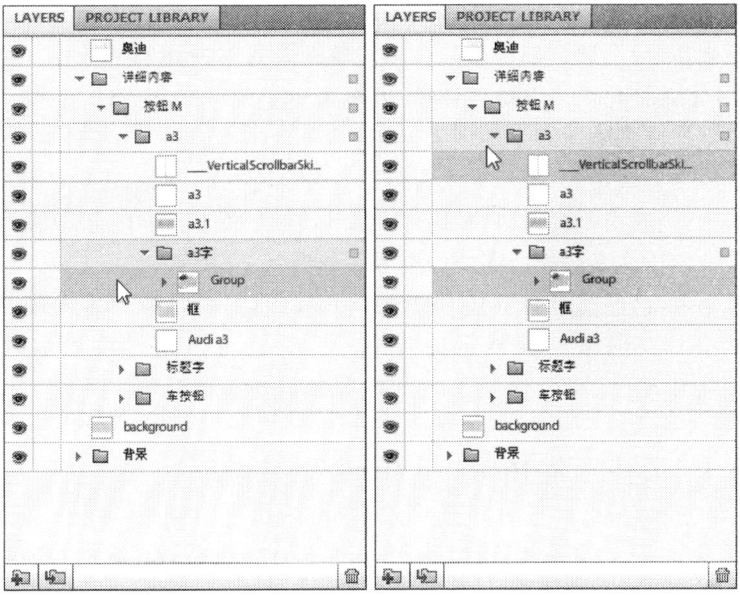

图 9.20

步骤 11　在"HUD"面板中的"Convert Artwork to Component"下拉选项中选择"Data List"选项,将它们转换为数据列表组件。

步骤 12　弹出的窗口会自动生成对 Data List 组件的命名,也可以重新对其命名,再点击"OK"按钮。

这时可在菜单栏中选择"Flie"(文件)→"Run Project"(运行项目)或按下"Ctrl"+"Enter"运行文件,浏览效果。

注意:转换滚动条组件→合并条目为组→滚动条和数据条目转换为 Data List。

9.4　Data List 使用临时数据方法

几乎所有的数据列表都是在运行时动态地从数据源获取实时数据。开发人员可以使用 Flash Builder 建立数据列表和数据源之间的链接,但在 Flash Catalyst 只能使用"DESIGN-TIME DATA"(临时数据)面板添加临时数据来填充数据列表,这样做的好处显而易见,设计人员在设计数据列表时可以完全不依赖连接真实数据源,就完全展示数据列表的外观交互效果。

在创建数据列表组件的同时,Flash Catalyst 会自动生成 5 条数据记录来填充数据列表,每一个数据都是复制在创建单独条目时所填写的数据。可以使用"DESIGN-TIME DATA"(临时数据)面板来更换每一条记录的图片及文字,当然也可以添加或删除所需要的记录。

临时数据的使用:当用户导入所需的"psd"文件时,里面相关的图片会都出现在界面上,同时也都会保留在"Project Library"(资源库)中,可以在后面的操作中从其中调用或是替换所需要的资源。如图 9.21 所示。

通过学习,已经初步会做基本的 Data List 组件,但是运行后发现并没有出现大量的临时数据来延长展示的效果。这时就可以通过添加临时数据来解决。

9.4.1　必要元素"**Repeated Item**"(重复条目)

"Repeated Item"(重复条目)是 Flash Catalyst 自动为界面上的临时数据独立条目创建多个条目副本的方式。

"Repeated Item"(重复条目)有三种添加布局模式,分别是:"Vertical"(竖直排列)、"Horizontal"(横向排列)和"Tile"(平铺排列)。一般默认添加是竖直排列,可以在"PROPERTIES"(属性)面板中对其进行更改。如图 9.22 所示。
步骤如下。

图 9.21

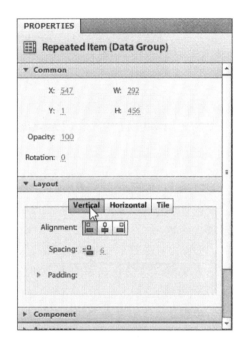

图 9.22

步骤 1 打开"start3",这是之前做的"start1"文件的最终效果,现在来延长它的数据显示。

步骤 2 选中界面上已经做好的 Data List 组件,里面包含了独立条目和滚动条。

步骤 3 在"HUD"面板中点击"Edit Parts"(编辑部件)按钮或双击界面上的组件进入独立编辑模式。

步骤 4 单独选中界面中车的图片,在"HUD"面板中勾选"Repeated Item"(重复条目)选项。如图 9.23 所示。

9.4.2 改变重复条目视图大小

在选择"Repeated Item"(重复条目)选项后,Flash Catalyst 会自动为其添加竖直排列的模式,当在"PROPERTIES"(属性)面板中对其进行更改为横向排列模式时,由于对显示的限制,依旧只显示叠加在最上面一层的图片。有以下两种方法可以解决这一问题。

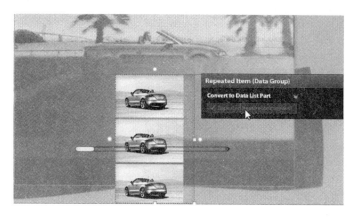

图 9.23

方法 1　更改在"PROPERTIES"（属性）面板中的"Common"栏目中的 X、Y 坐标位置来改变它的显示大小。但是，这一方法因为不能很好地控制显示而显得过于死板。

方法 2　通过手动拖拽界面上条目的控制点来修改重复条目的显示尺寸。这一方法可以改变它显示的大小和位置。

步骤如下。

步骤 1　选中界面上的临时数据条目。

步骤 2　在"PROPERTIES"（属性）面板中，选择"Repeated Item"（重复条目）的 Horizontal（横向排列）模式。

步骤 3　在界面上，拖拽图片旁边的控制点，使其显示 3 张图片的大小。如图 9.24 所示。

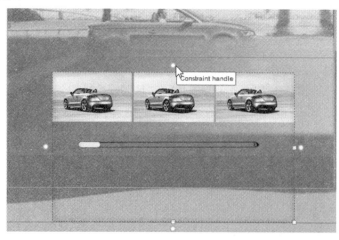

图 9.24

9.4.3 图片临时数据使用方法

几乎所有数据列表中的数据都是动态运行的,动态地从数据库中获取实时数据。开发人员可以使用 Flash Builder 与 Flash Catalyst 建立数据列表与数据源之前的动态链接,但是在 Flash Catalyst 中存在局限性,它只能从"DESIGN-TIME DATA"(临时数据)面板中添加临时数据来填充数据列表。

因此,设计人员就可以在设计数据列表时不依赖真实数据来获取动态数据。步骤如下。

步骤1 打开"DESIGN-TIME DATA"(临时数据)面板,在这里显示要呈现出来的图片信息,可以点击下方的"Add Row"来增加或删除显示的项目信息。如图 9.25 所示。

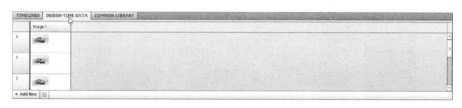

图 9.25

步骤2 临时数据面板里面有 5 条数据信息,点击两下"Add Row"按钮,再增加两条信息。

步骤3 选择编号为"1"的数据,当点击临时数据面板上的记录时,就会弹出一个"Select Asset"(资源选择)窗口。选择名为"奥迪3"的图片。

步骤4 点击"OK"按钮。如图 9.26 所示。

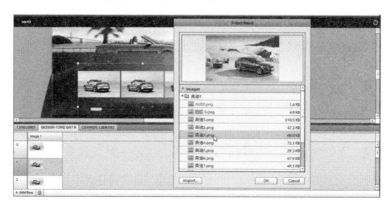

图 9.26

步骤 5　选择编号为"2"的数据,点击"奥迪 4"的图片替换。

步骤 6　选择编号为"3"的数据,点击"奥迪 5"的图片替换。

步骤 7　选择编号为"4"的数据,点击"奥迪 6"的图片替换。

步骤 8　选择编号为"5"的数据,点击"奥迪 7"的图片替换。

步骤 9　选择编号为"6"的数据,点击"奥迪 8"的图片替换。最后效果如图 9.27 所示。

图 9.27

这时可在菜单栏中选择"Flie"(文件)→"Run Project"(运行项目)或按下 "Ctrl"+"Enter"键运行文件,浏览效果。

9.4.4　图文临时数据使用方法

步骤如下。

步骤 1　打开"start4",这是之前做的"start2"文件的最终效果,现在来延长它的数据显示。

步骤 2　选中界面上已经做好的 Data List 组件,里面包含了独立条目和滚动条。

步骤 3　在"HUD"面板中点击"Edit Parts"(编辑部件)按钮或双击界面上的组件,进入独立编辑模式。

步骤 4　单独在界面上选中有图片和文字的"Group",在"HUD"面板中勾选"Repeated Item"(重复条目)选项。

步骤 5 在界面上拖拽图片旁边的的控制点,使其显示原本的图文的大小。如图 9.28 所示。

图 9.28

步骤 6 打开"DESIGN-TIME DATA"(临时数据)面板,看到里面有"Image"图片文本和"Text"文字文本,依旧可以点击图片进行替换,也可以删除或是修改里面的文字。如图 9.29 所示。

图 9.29

这时可在菜单栏中选择"Flie"(文件)→"Run Project"(运行项目)或按下"Ctrl"+"Enter"键运行文件,浏览效果。

9.5 独立编辑重复条目

每一个重复条目在它的独立编辑模式里面都会有三种不同的状态:"Normal"(正常状态)、"Over"(鼠标滑过)、"Selected"(选中状态)。可以像编辑其他组件一样，编辑它们的不同状态。

在"LAYERS"（图层）面板中会看到 Flash Catalyst 自动为其添加一个名为"Item Highlight Rectangle"（条目高亮矩形）的图层。

步骤如下。

步骤 1 双击界面上的 Data List 组件，进入组件独立编辑模式。

步骤 2 双击数据条目，进入独立条目的独立编辑模式。

步骤 3 单击"Page/States"（页面与状态）面板中的"Over"（鼠标滑过）状态。如图 9.30 所示。

图 9.30

步骤 4 在图层面板选中这个高亮图层，在"PROPERTIES"（属性）面板中点击"Fill"（填充），选择颜色"CED7EE"，如图 9.31 所示。设置之后，当鼠标滑过临时数据条目时，就会为其覆盖一层高亮框，表示选中。

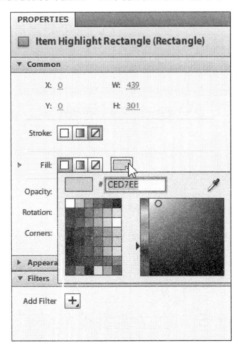

图 9.31

这时可在菜单栏中选择"Flie"（文件）→"Run Project"（运行项目）或按下"Ctrl"+"Enter"键运行文件，浏览效果。

第10章

Flash Catalyst 与 Flash Builder 的结合

10.1 Flash Catalyst 结构 兼容性分析

Flash Catalyst CS5.5 支持在 Flex 框架中提供的功能和组件的子集。因此，用户组织自己的项目时，要确保项目结构 Flash Catalyst 的兼容性。

10.1.1 规划项目

通常情况下，设计人员拥有可视对象、动画和项目的基本布局；开发人员拥有架构、功能和项目的应用程序级的布局。

Flash Catalyst 和 Flash Builder 提供了多种工具，帮助用户确定设计和开发之间的合作。项目分成一个主项目和与 Flash Catalyst 兼容库项目，里面明确规定项目的部分设计可以编辑。

10.1.2 创建主项目和兼容的库项目

开发人员可以使用库项目来隔离需要在 Flash Catalyst 要编辑的项目的组成部分。库项目还可以简化合并过程，因为设计人员通常不会编辑库项目。

创建 Flex 项目的步骤如下。

创建

新建 Flex 项目...

图 10.1

步骤 1 打开 Flash Builder 界面,在开始的创建面板上选择"新建 Flex 项目"。如图 10.1 所示。

步骤 2 在弹出的对话框中添加名为"changshi"的项目,并确定文件保存的位置,点击"完成"。如图 10.2 所示。

图 10.2

这时就会在 Flash Builder 的"包资源管理器"面板中显示出创建的"changshi"项目,可以对项目导入 Flash Catalyst 的".fxpl"文件。如图 10.3 所示。

创建 Flex 库项目的步骤如下。

步骤 1 打开 Flash Builder 界面→选择"转至项目"→"属性"。如图 10.4 所示。

步骤 2 选择 Flex 构建路径→选择库选项卡→单击添加项目。如图 10.5 所示。

步骤 3 在库项目中放置的换肤功能组件和外观,以及代码文件中的主要项目。

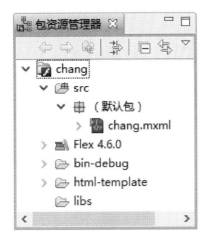

图 10.3

图 10.4

图 10.5

注意:主项目依赖于库项目。因此,库不能包含依赖于主项目的代码。

10.1.3 从 Flash Catalyst 导出库文件夹

在 Flash Catalyst 的库面板中可以将库中的项目资源导出,生成后缀名为
".fxpl"的文件,再导入 Flash Builder 进行后续的设计编码。步骤如下。

步骤 1 点击"PROJECT LIBRARY"（公共库）面板。

步骤 2 点击面板左下方的"Export Library Package(.fxpl)"按钮 ，或者选择菜单栏的"File"（文件）→"Export"（导出）→" Library Package(.fxpl)"同样完成导出。如图 10.6 所示。

步骤 3 在弹出的对话框中选择需要存储的文件夹位置，单击"确定"。

步骤 4 在指定的目录下看到生成的".fxpl"文件 奥迪.fxp 。

步骤 5 在 Flash Builder 导入刚才生成的"奥迪.fxpl"文件。选择"文件"→导入。

步骤 6 在弹出的对话框中选择"Flash Builder"文件夹中的"Flash Builder 项目"，点击"下一步"按钮。如图 10.7 所示。

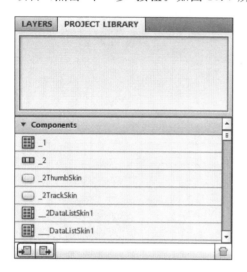

图 10.6   图 10.7

注意：也可以点击左边的"Inport Library Package(.fxpl)"按钮 ，向公共库中导入由 Flash Builder 直接设计的(.fxpl)项目资源。

步骤 7 选择自己需要导入的"奥迪.fxpl"文件→单击"完成"按钮。

步骤 8 点击"CODE"（代码）切换到代码工作区，查看 Flash Catalyst 为"奥迪"文件自动生成的代码。代码如下。

```
< ? xml version= '1.0' encoding= 'UTF- 8'? >
< s:Application xmlns:d= "http://ns.adobe.com/fxg/2008/dt"
        xmlns:fx= "http://ns.adobe.com/mxml/2009"
        xmlns:s= "library://ns.adobe.com/flex/spark"
        xmlns:components= "components.* "
        xmlns:fc= "http://ns.adobe.com/Flash Catalyst/2009"
```

```
                width= "1024" height= "768" backgroundColor= "# 000000"
                creationComplete= "application_creationCompleteHandler
()"
                preloaderChromeColor= "# 000000">
    < fx:Style source= "Main.css"/>
    < fx:Script>
    < s:states>
        < s:State fc:color= "0xcc0000" name= "shouye"/>
        < s:State fc:color= "0x0081cc" name= "xiangxi"/>
    < /s:states>
    < fx:DesignLayer d:userLabel= "背景">
        < s:BitmapImage id= "bitmapimage1" d:userLabel= "奥迪 1" x=
"- 75" y= "83" smooth= "true"
                source= "@ Embed('/assets/images/奥迪 1/奥迪 1.png')"
                visible.xiangxi= "false"/>
    < /fx:DesignLayer>
    < fx:DesignLayer id= "designlayer1" d:userLabel= "首页"
                visible.xiangxi= "false">
        < s:BitmapImage d:userLabel= "渐变" x= "0" y= "300" smooth= "
true"
                source= "@ Embed('/assets/images/奥迪 1/渐变.png
')"/>
        < s:BitmapImage d:userLabel= "奥迪 5" visible= "false" x=
"- 100" y= "376" smooth= "true"
                source= "@ Embed('/assets/images/奥迪 1/奥迪 5.png
')"/>
        < s:BitmapImage d:userLabel= "奥迪 1" visible= "false" x= "24" y
= "378" smooth= "true"
                source= "@ Embed('/assets/images/奥迪 1/奥迪 4.png
')"/>
        < s:BitmapImage d:userLabel= "奥迪 3" visible= "false" x= "579"
y= "376" smooth= "true"
                source= "@ Embed('/assets/images/奥迪 1/奥迪 6.png
')"/>
        < s:BitmapImage d:userLabel= "奥迪 4" visible= "false" x= "846"
y= "376" smooth= "true"
                source= "@ Embed('/assets/images/奥迪 1/奥迪 7.png
')"/>
```

```
        < s:BitmapImage d:userLabel= "奥迪 6" visible= "false" x= "953"
y= "379" smooth= "true"
                        source= "@ Embed('/assets/images/奥迪 1/奥迪 8.png
')"/>
        < s:BitmapImage d:userLabel= "效果" visible= "false" x= "- 177"
y= "375" smooth= "true"
                        source= "@ Embed('/assets/images/奥迪 1/效果.png
')"/>
        < s:Button x= "163" y= "97" click= "button_clickHandler()"
skinClass= "components.AUDIButtonSkin1"/>
        < fx:DesignLayer d:userLabel= "按钮 横条">
          < s:List d:userLabel= "__2DataListSkin1" x= "128" y= "376"
              skinClass= "components.__2DataListSkin1">
          < s:ArrayCollection>
              < fx:Object image1= "@ Embed('/assets/images/奥迪 1/
奥迪 3.png')"/>
              < fx:Object image1= "@ Embed('/assets/images/奥迪 1/
奥迪 4.png')"/>
              < fx:Object image1= "@ Embed('/assets/images/奥迪 1/
奥迪 5.png')"/>
              < fx:Object image1= "@ Embed('/assets/images/奥迪 1/
奥迪 8.png')"/>
              < fx:Object image1= "@ Embed('/assets/images/奥迪 1/
奥迪 7.png')"/>
              < fx:Object image1= "@ Embed('/assets/images/奥迪 1/
奥迪 6.png')"/>
              < fx:Object image1= "@ Embed('/assets/images/奥迪 1/
效果.png')"/>
          < /s:ArrayCollection>
          < /s:List>
        < /fx:DesignLayer>
    < /fx:DesignLayer>
    < components:CustomComponent1 id= "customcomponent11" x= "0" y= "
17"
                        visible.shouye= "false"/>
    < s:transitions>
< /s:Application>
```

10.1.4　使用换肤功能组件

用户可以使用 Flex 中的皮肤结构创建与 Flash Catalyst 兼容扩展外观的组件。创建在 Flash Builder 外观的组件，并在 Flash Catalyst 中创建可视化的皮肤。

一个皮肤组件包含组件的逻辑部分，而皮肤中包含可视资源和布局规则。此外，一个换肤组件可以表明，其中含有部件和状态。组件可以通过编程控制皮肤的部件和状态。设置外观的组件，其外观的部件和状态之间的通信限制让两个部分具有高度独立性和灵活性。

创建在 Flash Builder 一个换肤组件定义后，可以创建初始示例外观。如果这样做，将项目导入 Flash Catalyst 中，皮肤在 Flash Catalyst 中的组件面板中显示出来，然后可以轻松编辑在 Flash Catalyst 的皮肤。创建示例皮肤有助于设计人员了解皮肤的基本结构。

10.2　确保 Flash Catalyst 兼容性

Flash Catalyst 仅支持 Flex 代码的一个子集。但是在 Flash Builder 中提供兼容性检查，它会告诉用户到底是哪部分代码的是在 Flash Catalyst 中编辑的。

1. 创建兼容性检查

当用户在 Flash Builder 中进行 Flash Catalyst 的兼容性检查时，Flash Catalyst 的兼容项目（项目→属性→Flash Catalyst 中）会自动打开。当创建在 Flash Catalyst 项目并将其导入 Flash Builder 中时，会自动配置为与 Flash Catalyst 兼容。如果引入不兼容的项目时，Flash Builder 则会显示相容性错误，并可查看哪些部分代码可以在 Flash Catalyst 中编辑。

用户并不一定需要在 Flash Catalyst 打开项目之前解决所有的兼容性问题。问题界面的"类型"列显示每个兼容性问题的程度。阻止该项目在 Flash Catalyst 中打开的问题显示为"警告"，不太严重的问题显示为"信息"。

2. 不兼容类型说明

（1）项目不兼容的项目不能在 Flash Catalyst 中打开。

（2）文件不兼容的文件不能在 Flash Catalyst. Any 主应用程序进行编辑，使得项目不兼容。

（3）换肤组件不兼容的组件或皮肤部分不能在 Flash Catalyst 进行分配。

（4）设计时列表数据不兼容，这是因为应用程序代码在 Flash Catalyst 不可编辑。

10.3　Flash Builder 与 Flash Catalyst 传递文件方法

用户可以使用"FXP"文件交换完整的 Flex 项目或设计人员和开发人员之间交换的组件、外观等。对于复杂的项目，可以使用库项目来构建用户的项目和用户界面。

那么用户可以在 Flash Builder 和 Flash Catalyst 之间传递 FXPL 文件，仅交换组件外观和设计资源。为了确保事件是有序的，设计人员可以将"FXPL"文件导入 Flash Catalyst 中一个空的项目，创建可视外观，并添加交互性。

10.3.1　传递文件

从 Flash Builder 到 Flash Catalyst 传递文件的步骤如下。

步骤 1　将 Flash Builder 的"FXP"或"FXPL"文件导出。

在 Flash Builder 中：选择"文件"→导出→选择"Flash Builder"文件夹中的"Flash Builder 项目"→点击"下一步"按钮→确定好保存位置后→单击"完成"按钮。

步骤 2　将 Flash Builder 导出的"FXP"或"FXPL"文件导入 Flash Catalyst。

在 Flash Catalyst 中：选择"File"（文件）→"Inport"（导入）→选择"Adobe FXG File(.fxg)"文件或"Library Package(.fxpl)"文件。如图 10.8 所示。

从 Flash Catalyst 到 Flash Builder 传递文件的步骤如下。

步骤 1　将 Flash Catalyst 中的"FXP"或"FXPL"文件导出。

选择"File"（文件）→"Export"（导出）→选择"Adobe FXG File(.fxg)"文件或"Library Package(.fxpl)"文件。

步骤 2　将 Flash Catalyst 中导出的"FXP"或"FXPL"文件导入 Flash Builder。

选择"文件"→导入→选择"Flash Builder"文件夹中的"Flash Builder 项目"→点击"下一步"按钮→确定好保存位置后→单击"完成"按钮。

这时在 Flash Builder 的"包资源管理器"面板中就会出现"奥迪"项目。如图 10.9 所示。

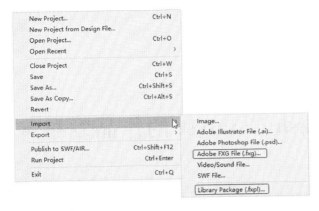

图 10.8

图 10.9

在 Flash Builder 中可对项目进行编辑,有错误时会在"问题"界面中显示出来。如图 10.10 所示。

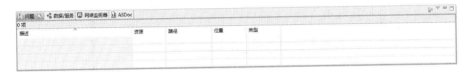

图 10.10

如果 Flash Builder 和 Flash Catalyst 安装在同一台计算机上,可以使用 Flash Builder 命令编辑"FXP"文件。

10.3.2　合并来自 **Flash Catalyst** 中到 **Flash Builder** 变化

当用户向 Flash Builder 导入 Flash Catalyst 的"FXP"文件或"FXPL"的文件时,用户可以使用比较编辑器工具比较、合并,来比较这两个项目之间的差异。也可以使用第三方合并工具。

用户可以通过以下方式导入"FXP"或"FXPL"文件到 Flash Builder 中。

- 导入一个新的项目,然后使用 Flash Builder 工具比较并合并。
- 库的内容导入到现有项目。
- 使用比较编辑器工具的项目,按"Ctrl"键选择项目并单击比较项目,然后右键单击选定的项目,并选择比较对象→互相。结果显示在文本比较面板。

注意:不能覆盖库项目(.fxpl)。在合并时,可以看到设置文件的几个变化,比如 actionScriptProperties,或输出文件,或者项目的其他部分。通常可以忽略这些变化,只注重在源文件夹的变化。

第11章

Flash Catalyst 的作品发布

11.1 发布选项设置技巧

用户可以在 Web 浏览器预览项目,根据需要决定最终将项目发布为 "SWF"文件或"AIR"文件。默认情况下,Flash Catalyst 生成一个项目的两个版本。一个版本在 Web 上,作为一个 Web 应用程序,它包括必要的所有文件来运行该项目,但不能在本地运行。第二个版本在本地运行,但不能从网络服务器或启动的 URL 运行。

11.1.1 在 Web 中初步预览

这是发布最终版本之前在 Web 浏览器工作的最佳做法,这使用户可以更有效地检查项目当前状态和运行效果。步骤如下。

步骤 1 双击 Lesson11 文件夹中的"奥迪.fxp"文件。

步骤 2 在工具栏中选择"File"(文件)→"Run Project"(运行项目)或是按"Ctrl"+"Enter"键即可在计算机默认的浏览器中运行。如图 11.1 所示。

11.1.2 发布选项介绍

Flash Catalyst 可以有多种版本应用于不同的需要,下面有三种版本,应用到不同的环境。

版本 1 发布一个网站程序,包含了必要的运行文件,但是无法在本地运行。

版本 2 在本地运行的版本,但不可在网络服务器中运行。

版本 3 Adobe AIR 版本。

一般项目发布完成后,都会自动生成两个文件夹,分别是"deploy-to-web"和"run-local"。如图 11.2 所示。

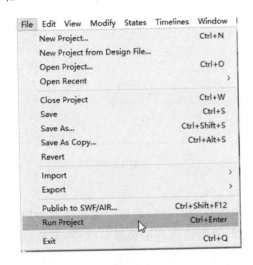

图 11.1

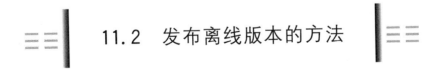

图 11.2

deploy-to-web:表示部署到网络,它包含了一个体积较小的"SWF"文件和 Flex Builder 的所有框架文件,涵盖了所有网站服务器所需要的文件。

run-local:表示在本地运行,它包含了一个体积较大的"SWF"文件,里面涵盖了所有的图形资源和其他重要的应用模块。这个版本可以使用户更好地分享给其他用户,可以在不需要任何条件限制下直接欣赏作品。

11.2 发布离线版本的方法

离线版本会把整个项目编译成一个体积较大的"SWF"文件,这个文件包含了所有图形资源文件和其他应用模块,用户只需一个"SWF"就可直接欣赏。步骤如下。

步骤 1 在菜单栏中选择"File"(文件)→"Publish to SWF/AIR"(发布成

基于 Flash Gatalyst 的用户体验感交互设计开发研究

SWF 或 AIR)命令。如图 11.3 所示。

步骤 2 在弹出的"Publish to SWF"(发布 SWF)的窗口中有项目存储的位置和 5 个选项,一般前 3 个选项默认呈选中状态。如图 11.4 所示。

图 11.3

图 11.4

说明如下。

"Builder for accessibility"(屏幕读取器功能):可以为用户提供屏幕中内容的声音,这种功能在 Flash Builder 软件框架中也得到了很好的支持,但是添加此功能会增大发布的"SWF"的体积。如果没有需要可以取消此选项来减小"SWF"的体积。

"Builder version for upload to web server"(编译在线版本):用户将项目发布在服务器上运行时勾选。

"Builder version to view offline"(编译离线版本):用户将项目发布在本地运行时勾选。

"Builder AIR application"(编译 AIR 应用程序):用户将项目发布为 AIR 应用版本时勾选。

"Embed fonts"(嵌入字体):为了避免用户可能无法显示设计人员创作时运用的字体,而导致项目的整体效果有差异的情况。该功能和"屏幕读取器功能"同样会导致发布的"SWF"文件变大。因此,一般情况下尽量使用软件自带字体,在需要特殊的静态字体时,可以考虑用图片来代替。

注意:在选中"Embed fonts"(嵌入字体)选项时,用户才可单击旁边的"Advanced"(高级)按钮,在弹出的窗口中设置要嵌入的字体和符号。如图 11.5 所示。

步骤 3 保持第 1、第 3 选项选中,单击"Publish"(发布)按钮,项目就会被

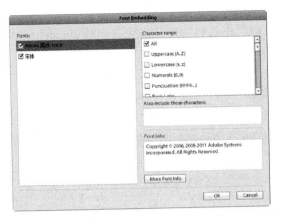

图 11.5

创建到指定的目录中。在指定的文件路径下，Flash Catalyst 会自动创建一个名为"run-local"的文件夹，里面包含了 6 个文件，如图 11.6 所示。

图 11.6

说明如下。

"assert"文件夹：存放项目中所需的所有图片、声音和视频资源。

"history"文件夹：包含 3 个文件为设置文件，允许程序在运行时存储网页历史，从一个页面跳转到另一个页面。

main. html：一个集成的"main. swf 的 html"文件。

Main. swf：应用主文件。

playerProductInstall. SWF："提示按钮"的 Flash Player 文件。

SWFobject. js：SWFobject 类文件。

这时单击"Main. html"文件，即可在浏览器中观看效果。

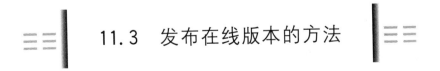

11.3　发布在线版本的方法

Flash Catalyst 发布在线版本同样也会创建"SWF"文件，但是这个"SWF"文件的体积更小，可以更便捷地被加载。这是因为 Flex Builder 文件在"SWF"

文件中分离出来了，以便于用户可以最快的访问作品。步骤如下。

步骤 1 在菜单栏中选择"File"（文件）→"Publish to SWF/AIR"（发布成"SWF"或"AIR"）命令。

步骤 2 在弹出的"Publish to SWF"（发布"SWF"）的窗口中选中"Build for accessibility"（屏幕读取器功能）和"Build version for upload to a web server"（编译在线版本）选项。如图 11.7 所示。

图 11.7

步骤 3 单击"Publish"（发布）按钮，项目就会创建到指定的目录中。

在指定的文件路径下，Flash Catalyst 会创建一个名为"deploy-to-web"的文件夹，包含了 Flash Builder 的集成文件、"Main. swf"文件和一个调用了"SWFobject. js"的"Main. html"文件。当把整个文件夹上传至 Web 服务器，就可通过"Main. html"文件访问整个网站。如图 11.8 所示。

图 11.8

11.4 发布 AIR 版本的方法

AIR 版本是一个独立安装的桌面应用程序，它不需要浏览器和网络连接就可以直接观看作品。

对用户来说,Adobe AIR 能实现跨平台应用,使其不再受限于不同的操作系统,在桌面上即可体验丰富的互联网应用,并且是比以往占用更少的资源、更快的运行速度和顺畅的动画表现。

Adobe AIR 是利用 Adobe 公司的 Flash 技术开发的视频播放平台这个视频播放平台的功能就是让用户可以在网上看视频,跟 Flash 功能相同,但是更强大。

使用 Flash Catalyst 用户可以把自己的项目发布成 AIR 版本,并且上传到服务器上,经过下载安装后即可在本地运行程序,不需要浏览器和网络连接。

用户只需要在计算机上安装 AIR 运行环境,就可以像使用其他桌面应用程序一样,使用多个 AIR 应用程序。步骤如下。

步骤 1 在菜单栏中选择"File"(文件)→"Publish to SWF/AIR"(发布成 SWF 或 AIR)命令。

步骤 2 在弹出的"Publish to SWF"(发布 SWF)的窗口中选中"Builder for accessibility"(屏幕读取器功能)和"Builder AIR application"(Adobe 桌面应用程序)选项。如图 11.9 所示。

步骤 3 单击"Publish"(发布)按钮,项目创建到指定的目录中。

步骤 4 在指定的路径中,Flash Catalyst 会自动创建一个名为"AIR"的文件夹,其中包含了一个扩展名为".air"的安装文件。如图 11.10 所示。

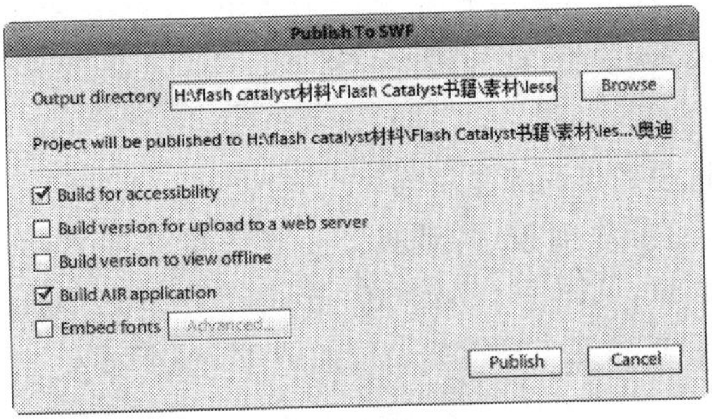

图 11.9

桌面发布.
air

图 11.10

步骤 5 双击"桌面发布.air"文件,这时会弹出一个应用程序安装的对话框,单击"安装"按钮即可进入下一步。如图 11.11 所示。

步骤 6 单击"安装"按钮进入下一步,用户可以在对话框中的"安装首选项"中勾选是否"将快捷方式图标增添到桌面上"或"安装后启动应用程序"选项,并且还要确定安装的路径。如图 11.12 所示。

步骤 7 单击"继续"按钮,应用程序会根据刚才的命令,自动在相应的路径下生成最终文件。应用程序会在 AIR 环境下运行程序。

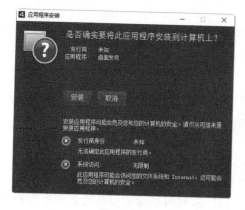

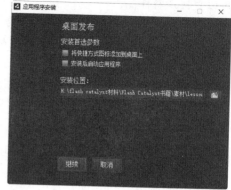

图 11. 11 图 11. 12

11.5 优化应用性能分析

要优化应用性能,减小最终生成文件的体积,可以使用以下策略来使项目更加完善。

(1) 删除未在该应用程序中使用过的对象。选中对象,并按下"Delete"键,这仅从当前状态中删除。如果该对象从未在应用程序中使用,可在图层面板中选择它,然后单击"Delect"(删除)按钮,以减少资源冗余。

(2) 将图像转换为链接的图像。

(3) 优化使用在 HUD 的选项的作品矢量图形。

(4) 压缩图形库面板。在图形库面板中,选择需要压缩的选项右键单击 "compression options"(压缩选项)(见图 11.13)。在"quality"(质量)中设置降低的百分比,并选择"OK"(确定)按钮完成图形压缩。如图 11.14 所示。

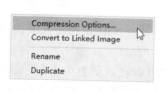

图 11. 13

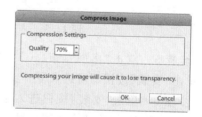

图 11. 14

(5) 尽量使用自带字体,不要嵌入字体,使用高级按钮嵌入会使文件体积变大。

第 12 章

精品教材介绍网站模板制作实例

 ## 12.1 精品教材介绍网站模板简介

12.1.1 精品教材介绍网站模板软件功能结构

精品教材介绍网站是使用 Flash Catalyst 和 Flash CS6 设计网站模板，适用于普通高等院校、职业院校、社会培训机构等机构使用并编写的教材、培训书籍等生成内容丰富生动的互联网网站，对作品进行宣传、介绍和内容展示。该软件提供的阅读和学习方式，能较好地提高学习者的学习兴趣和效率。网站的功能结构如图 12.1 所示，网站地址：http://nclass.infoepoch.net。

网站运行的主页界面如图 12.2 所示。

12.1.2 导航菜单

点击界面下方的"【详细内容】"按钮。展开浏览菜单。如图 12.3 所示。

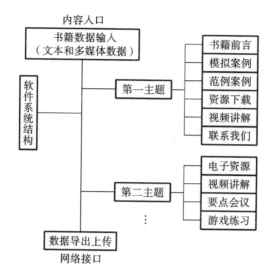

图 12.1

图 12.2

图 12.3

12.1.3　内容模块

1. 前言浏览

点击"前言"进入图 12.4 所示界面，分别点击"学前准备""学习步骤""本书特点""读者对象""至读者"，查看相关内容。

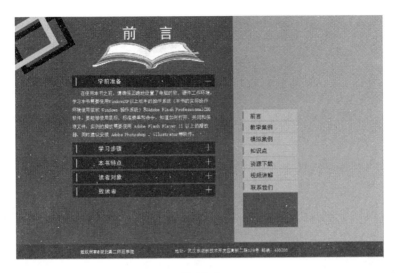

图 12.4

2．教学案例

点击"教学案例"进入图 12.5 所示界面。

图 12.5

点击相应的章节按钮，浏览介绍的内容，下方还有关于本章的知识点、重难点介绍。一共有 10 章，每章侧重不同方面的知识点的学习。

3．模拟案例

点击"模拟案例"进入图 12.6 所示界面。

为了使学习的内容掌握更牢固，浏览每一章介绍的内容，下方还有关于本章

图 12.6

的知识点、重难点介绍。可以在目录中对应章的模拟联系示例文件看是否能制作出同样原理的 Flash 作品来检测所学的内容。

4. 知识点

点击"知识点"进入图 12.7 所示界面。

图 12.7

点击每一章节,出现相关的每一章节中所有知识点的介绍,可根据个人需要点击需要的章节的知识点进行学习。

5．资源下载

点击"资源下载"进入如图 12.8 所示界面。

图 12.8

想下载的相应章节的范例文件、模拟练习文件、PPT 或扩展练习题与答案，就会链接到相应的链接地址下载相应的资料。在根据学习资料上的步骤进行学习和操作，先完成教学案例，再自主完成模拟案例。在每一章学习后，自己创作一个包含章节知识点的 Flash 课件作品。如若不能完成作品，继续重复上述步骤，直至完成为止。

6．视频讲解

点击"视频讲解"进入图 12.9 所示界面。

图 12.9

"视频讲解"分为两个部分：一个是"教师点拨"，一个是"手把手案例"。其中分别包含了先前的教学案例和模拟案例的步骤操作讲解。可点击目录中相应视频讲解来完成学习。

7. 联系我们

点击"联系我们"进入图 12.10 所示界面。

图 12.10

"联系我们"中主要包含了网站设计中的主要参与者和网站设计者，还有设计者的联系方式和地址。

以上展示只是一种样式，还可以生成其他多种网站样式，丰富用户的选择，满足用户的不同需求。

12.2　Flash Catalyst 在网站设计中的应用

Flash Catalyst 旨在为开发人员和设计人员建立起沟通的桥梁，开发人员可以导入设计人员在 Photoshop、Illustrator 和 Fireworks 中设计的用户界面，并将它们转化成 UI 组件而不改变它们原先的"皮肤"、外观和整体风格。设计人员仍然用 Adobe 的各种产品来完成自己的大部分工作，能通过 Catalyst 来定义 UI 组件，就像开发人员通过编程来完成这一工作一样。它给开发人员和设计人员提供了一种交流协作的平台。下面通过案例具体阐述其实现过程。

12.2.1 在 **Photoshop** 中绘制界面元素

Flash Catalyst 是专门为设计人员和美工量身定做的应用软件,用户无须编写代码即可创建具有表现力的界面和交互式内容,可将 Adobe Photoshop、Illustrator 和 Fireworks 图稿转换为具有表现力的交互式项目,并充分利用 Adobe Flash Platform 的范围和一致性,可以说设计结果触手可得。Flash Catalyst 就像是设计人员与开发人员之间的一座桥梁,它可以让设计人员在熟悉的应用程序环境下工作,如 Photoshop、Illustrator,同时能够在后台自动生成开发人员所需要的代码。

精品教材介绍网站模板的界面素材都可以在 Photoshop 中完成,下面以该软件的六个主导航按钮(见图 12.11)在 Photoshop 中的制作和导入过程为例进行介绍。

打开 Photoshop,新建一个文件名为"按钮 flash.psd"的文件,在"图层"里创建"按钮"文件夹,在"按钮"文件夹里创建"主按钮""内容按钮"两个文件夹,在"主按钮"文件夹里分别创建"click here""娃娃""背景"3 个图层并填入相应内容,在"click here"图层输入文字 click here,在"娃娃"图层导入相应图片,在"背景"图层绘制背景。

在"内容按钮"文件夹里分别创建"前言""教学案例""模拟案例""知识点""资源下载""视频讲解""联系我们"7 个文件夹,在其中每个文件夹中分别创建相应文字图层和背景图层。Photoshop 的图层结构如图 12.12 所示。

12.2.2 把 **Photoshop** 素材导入 **Flash Catalyst**

打开 Flash Catalyst,在"文件"菜单中选择"导入"→"导入 Photoshop 文件"菜单,在弹出的文件选择框中,选择要导入的 Photoshop 文件,出现如图 12.13 所示界面。

在"Image layers"中选择"Keep editable",表示使导入的图层处于可编辑状态;"Shape layers"中"Crop"表示对图形进行剪辑,只保留有图形的部分;"Text layers"的选项同"Image layers",表示文本可编辑。"Import non-visible layers"表示导入非可视元素。导入后的状态如图 12.14 所示。

剩下的工作就是把导入的按钮素材制作为 Flash Catalyst 按钮,然后把所有 7 个按钮和 1 个主按钮组成一个"Group"。制作过程也相对简单,以"前言"按钮为例。按"Shift"键,同时选择"前言"文字和"前言"背景,在弹出的黑色面板中选择"Choose Component"下的"Button"。如图 12.15 所示。

图 12.11

图 12.12

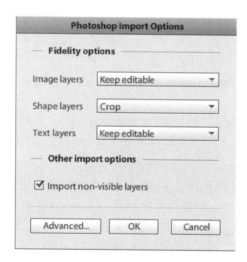

图 12.13

　　这样"前言"就转换为"按钮"组件,双击"前言"按钮就会进入按钮的属性编辑状态,如"单击(Click)"等状态。如图 12.16 所示。

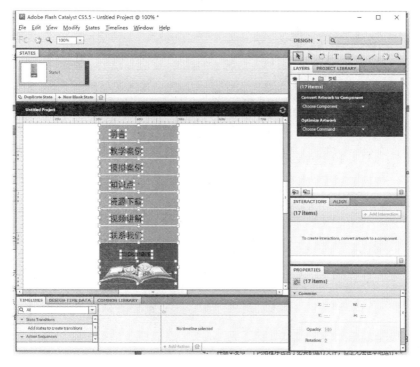

图 12.14

图 12.15

图 12.16

最后,选择所有的按钮,使用"编辑"菜单下的"组合"按钮,使主导航模块组成一个组。

12.2.3 使用 Flash Catalyst 设计内容页面

精品教材介绍网站的 7 个主内容页面由 ActionScript 3.0 代码设计,使用 Flash CS6 作为编译平台编译为独立的"SWF"文件,中间层通过"XML"文件调用所有的媒体素材,所以只需要改动"XML"文件和提供媒体素材就可以变成任意其他教材书籍介绍的网站了,网站的"皮肤"样式也可以通过编辑"XML"文件进行个性化设置。Flash Catalyst 的主要作用是控制模块之间的导航。下面以"知识点"模块(见图 12.7)为例,简述设计过程和导入 Flash Catalyst 进行编辑的方式。

"知识点"模块导航分两部分:第 1 部分为章节导航,通过翻页模块按钮可以实现为任意数量的章节导航;第 2 部分为章节知识点导航,理论上每一章可以用任意数量的知识点,通过翻页模块按钮实现翻页浏览,单击每一个知识点按钮调出相应的知识点视频讲解。设计过程中涉及的类文件编写有 11 个,其中主类有翻页类和章导航类,下面是翻页类的部分关键代码。

```
package
{
    import flash.display.MovieClip;
    import flash.display.Sprite;
    import flash.events.MouseEvent;
    import flash.text.TextField;
    import flash.text.TextFormat;
    import flash.events.EventDispatcher;
    import flash.events.Event;
    public class Num_btnclass extends MovieClip
    {
        private var v:Vector.< Sprite> = new Vector.< Sprite> ();
        private var Bin1_width:int;//数字按钮宽度
        private var dd:Object;//保存数字按钮
        private var nd:Object;//保存下一页按钮
        private var pd:Object;//保存上一页按钮
        private var Clickname:String;
        private var Num:int;//按钮数量
        private var Dis_long:int;//每次显示按钮数量
        private var Middle_num:int;//中间参考数
        private var Fron_num:int;//前面未显示按钮
        private var Back_num:int;//后面未显示按钮
        private var ddd:Object;
        private var start_for_num:int = 1;//保存计算出左移的开始循环起始数
字
        private var start_rgight_num:int = 0;//保存计算出右移的开始循环起
始数字
        private var YBack_num:int;//记录本次点击上次剩下的左移未显示按钮,
以防本次点击超过剩下移动的移动数字
        private var YFron_num:int;//记录本次点击上次剩下的左移操作时左边未
显示按钮,以防本次点击左移超过剩下移动的移动数字时开始移动的起始数字
        private var YMiddle_num:int;//记录本次点击上次的中间参考数,以计算
左移超过剩下移动的移动数字时的中间参考数
        private var left_movenum:int;//要左移的数量;
        private var Frontcolor:uint;
        private var Fontsize:uint;
        private var Rectline_enable:Boolean;
        private var Fonttype:String;
```

```
    public function Num_btnclass(num:int,
dis_long: int, rectline_enable: Boolean = true, frontcolor: uint =
0xFFFFFF, fontsize: int = 16, fonttype: String = "黑体", rec_
bordercolor: uint = 0xffffff, over_recbordercolor: uint = 0x00ccff,
bcolor_enabled: Boolean = false, clickcolor: uint = 0xFFFFFF,
clicked_color: uint = 0xFFFFFF, over_downcolor: uint = 0x00ccff,
backgroundcolor: uint = 0x000099, disablecolor: uint = 0x3300cc)
    {
        Num = num;
        Dis_long = dis_long;
        Frontcolor = frontcolor;
        Fontsize = fontsize;
        Rectline_enable = rectline_enable;
        Fonttype = fonttype;
        if (dis_long> = num)
        {
            Dis_long = num;
        }
        if (num> dis_long)
        {
            Middle_num = dis_long / 2 + 1;
            Fron_num = 0;
            Back_num = num - dis_long;
        }
        var pre_page:Num_btn = new Num_btn("上一页","上一页",
rectline_enable,frontcolor,fontsize,"宋体");
        addChild(pre_page);
        pre_page.x = 0;
        nd = pre_page;
        var next_page:Num_btn = new Num_btn("下一页","下一页",
rectline_enable,frontcolor,fontsize,"宋体");
        addChild(next_page);
            pre_page.addEventListener(MouseEvent.CLICK, pre_
pageclick);
            next_page.addEventListener(MouseEvent.CLICK, next_
pageclick);

        pd = next_page;
```

```
        for (var i:int= 0; i< num; i+ + )
        {
            var scm:Num_btn = new Num_btn(String(i+ 1),String(i+
1),rectline_enable,frontcolor,fontsize,fonttype,rec_bordercolor,
over_recbordercolor,bcolor_enabled,clickcolor,clicked_color,over_
downcolor,backgroundcolor,disablecolor);
                v.push(scm);
                addChild(v[i]);
                v[i].visible = false;
        }
        for (var h:int= 0; h< dis_long; h+ + )
        {
            v[h].x = next_page.width + v[h].width / 4 + i * v[h].
width + v[h].width / 4 * i;
                //trace(scm.width);
                v[h].y = 0;
                //trace(v.length);
                v[h].visible = true;
                Bin1_width = v[h].width;
                v[h].addEventListener(MouseEvent.CLICK,scmclick);
        }
            pre_page.x = next_page.width + scm.width / 4 + i * scm.
width + scm.width / 4 * i;
            v[0].dispatchEvent(new  MouseEvent(MouseEvent.CLICK));
    }
    private function scmclick(e:MouseEvent)
    {
        if (dd ! = null)
        {
            dd.enableself();
            dd.addEventListener(MouseEvent.CLICK, scmclick);
        }
        dd = getChildByName(e.currentTarget.name);
        dd.removeEventListener(MouseEvent.CLICK, scmclick);
        dd.disableself();
        Clickname = dd.returnname();
        //trace(Clickname);
        allclick();
```

```
        }
    private function next_pageclick(e:MouseEvent)
    {
        if (int(Clickname) > = 1)
        {
            v[int(Clickname)].dispatchEvent(new   MouseEvent
(MouseEvent.CLICK));
        }
        allclick();
    }
    private function pre_pageclick(e:MouseEvent)
    {
        if (int(Clickname) < = Num)
        {
            v[int(Clickname) - 2].dispatchEvent(new   MouseEvent
(MouseEvent.CLICK));
        }
        allclick();
    }
    public function returnname():String
    {
        var aa:String = Clickname;
        return aa;
    }
    //一行显示所有的数字按钮 click 方法
    private function only_num_click(num:int)
    {
        if (num > 4)
        {
            if (Clickname= = "1")
            {
                nd.visible = false;
                for (var i= 0; i< num; i+ + )
                {
                    v[i].x = i * Bin1_width + (i + 1) * Bin1_width / 4;
                }
                pd.x = num * Bin1_width + (num + 1) * Bin1_width / 4;
            }
```

```
        if (Clickname= = String(num))
        {
            pd.visible = false;
        }
        if (Clickname< String(num))
        {
            pd.visible = true;
        }
        if (Clickname> "1")
        {
            nd.visible = true;
            nd.x = 0;
            for (var j= 0; j< num; j+ + )
            {
                v[j].x = nd.width + j * Bin1_width + (j + 1) *
Bin1_width / 4;
            }
             pd.x = nd.width + num * Bin1_width + (num + 1) *
Bin1_width / 4;
            }
        }
        .....
}
```

12.2.4 导入"SWF"文件模块

导入 Flash Catalyst 的"SWF"文件可作为外部文件运行,由 Catalyst 调用,这也意味着可以在后期任意修改"SWF"文件来改变网站的内容,而不用再对网站程序进行任何修改,这样非常灵活方便。下面阐述如何导入"SWF"文件。

在 Flash Catalyst 的"文件"菜单下选择"导入"→"导入 SWF 文件",在弹出的文件选择框中选择要导入的"SWF"文件后按"确定"按钮。以同样的方式把网站的 7 个"SWF"模块文件导入。

在"states"工具面板,创建 7 个页面,并把导入的"SWF"文件放到相应的页面,设置好版面。放置过程是这样的:把编辑状态调整到"前言"页面(界面当前页面),导入"前言""SWF"文件,该"SWF"文件就放到当前页面了;把编辑状态调整到"模拟案例"页面(界面当前页面),导入"模拟案例""SWF"文件,该

"SWF"文件就放到当前页面了。以下步骤以此类推。

也可以把"SWF"文件导入后从库面板中找到相应文件，然后拖动到界面相应页面。页面上的内容可以根据需要进行增加和删除。7 个模块全部导入后的界面如图 12.17 所示。

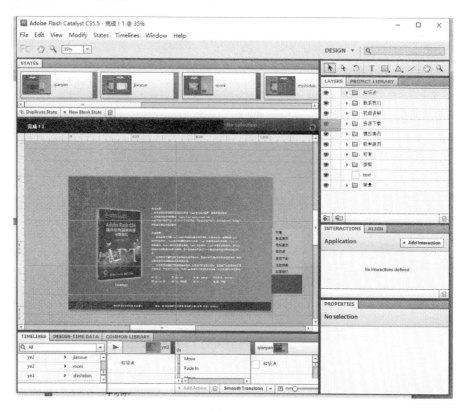

图 12.17

12.2.5 设置页面交互和动画效果

不用编程就可以轻松地设置对象的交互和动画是 Flash Catalyst 的最大优势，交互的设计是在"INTERACTIONS"面板，动画的设计是在"TIMELINES"面板。

选择"前言"按钮，在"INTERACTIONS"面板中点击"Add InterActions"按钮，出现图 12.18 所示的对话框。

在第 1 个选项中选择"On Click"。如图 12.19 所示。

在第 2 个选项中选择"Play Transition to State"。如图 12.20 所示。

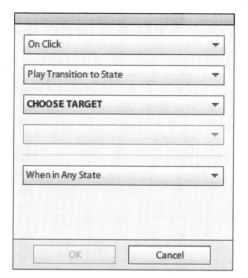

图 12.18

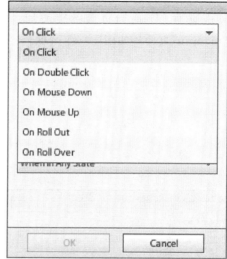

图 12.19

在第 3 选项中选择"前言"。如图 12.21 所示。

图 12.20   图 12.21

在第 4 选项中选择"s2"。如图 12.22 所示。

这样,"前言"按钮交互就设计完了,当点击"前言"时,页面就会跳转到前言的"s2"子页面,内容是"如何使用该教材"。可以用同样的方法为"教学案例""模拟案例""知识点""资源下载""视频讲解""联系我们"设置导航。

导航设置好后发现页面跳转单调，点击相应按钮后无任何过渡，直接跳转到相应页面。下面为页面跳转增加过渡动画。在"TIMELINES"面板中选择"qianyan"页面。如图 12.23 所示。

图 12.22

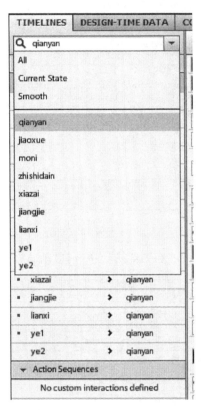

图 12.23

选择"qianyan"到"jiaoxue"，在时间轴的右侧面板中列出了"qianyan"和"jiaoxue"面板中的各种组件，可以为任意组件设置过渡动画效果，"qianyan"中的组件是移出界面时的动画效果，"jiaoxue"中的组件是移入界面时的动画效果。如图 12.24 所示。

打开图 12.24 底部的"Add Action"按钮，可以看到能够添加的各种动画效果。有"移动""放大和缩小""旋转""3D 旋转""视频效果""声音效果""淡入淡出"等动画特效，同一个对象可以同时设置多个动画效果。如图 12.25 所示。

在这个网站程序中计划设置这样的动画效果，在"前言"页面，"教学案例"页面慢慢地从左侧移入，相应"前言"页面慢慢地向右侧方向移出，同时上面的菱形装饰也做出不同的移动装饰动作。在 Flash Catalyst 里设置这样的效果极其简便，只需要在时间轴上把两个页面元素设置其移动开始时间和持续时间，简单地

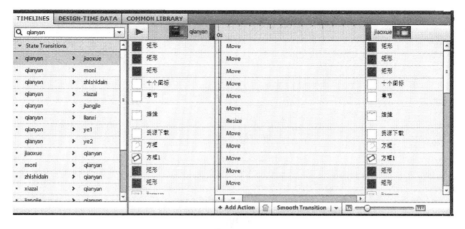

图 12.24

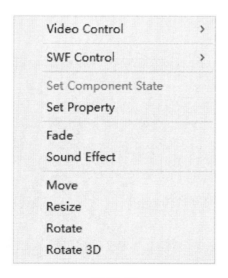

图 12.25

拖拽操作即可,当然,"教学案例"页面要事先放到"前言"页面的外面左侧。如图 12.26 所示。

Flash Catalyst 动画虽然设置简便,但步骤较多,如果给 7 个页面和主页都设置过渡动画,就需要"8×8＝64"次设置,这样每一个页面到任何一个页面就都可以有过渡动画了。

这个案例充分体现了 Flash Catalyst 在设计丰富用户体验感网站方面的优势。在 UI 设计方面有较高的设计效率,再配合 Flex 和 Flash 的编程功能,可以设计出高质量、高效率和交互性好的作品。

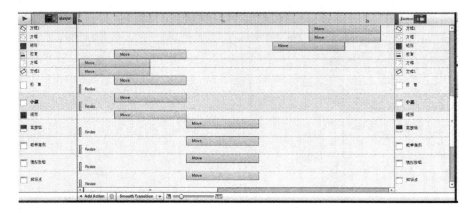

图 12. 26

参考文献

Billiography

[1] 郑宇. Adobe Flash Catalyst CS5 交互设计大师之路[M]. 北京:电子工业出版社. 2011.

[2] 韩涛. 网站前端技术及其对网站性能的影响研究[J]. 中小企业管理与科技, 2012(10):5-30.

[3] Rich Client[CP/OL]. 百度百科, 2016[2016-4-17]. http://baike. baidu. com/view/938543. htm? Fromsyno.

[4] Flash(交互式矢量图和 Web 动画标准)[CP/OL]. 百度百科,2016[2016-4-17]. http://baike. baidu. com/view/7641. html.

[5] [美]Adobe 公司. Adobe Flash CS5 ActionScript 3.0[M]. 北京:人民邮电出版社,2012.

[6] 马龄彤. 基于 Flash 技术的嵌入式用户界面开发[D]. 北京:北京邮电大学,2010.

[7] 理解全新的 Flash Catalyst CS5.5 和 Flash Builder 4.5[CP/OL]. Adobe 中国,2015[2015-6-17]. http://www. adobe. com/cn/devnet/flashcatalyst/articles/flashcatalyst-flashbuilder-workflows. html

后记

信息化材料的处理与传播是我们的研究重点，在多年从事文化和教育信息化的研究中，Flash Catalyst 是我们研究工作中涉及的一点内容，主要时间在2015 年下半年。通过研究发现，Flash Catalyst 还是有其亮点和优点的，值得借鉴和应用，在信息化材料处理过程中也能发挥一定的作用。随后我们在省级、校级精品课网站制作和慕课学习网站制作中广泛应用了 Flash Catalyst。为此，特出版此书，以便共享技术和应用。

感谢武汉市科技局的支持，其 2012 年社会发展科技攻关项目《基于 iPad 的楚文化媒体艺术研究与实施（中英文版）及其网络平台的实现》的研究为本书的出版奠定了重要基础，其资金为该课题研究提供了必不可少的支持，包括软件和计算机及其网络设备等。

感谢湖北第二师范学院计算机学院信息技术系全体老师的大力协助，特别是蔡进、杨鹤、徐兆佳和李汪丽老师在研究工作中的积极参与和辛勤付出。

感谢湖北第二师范学院计算机学院信息技术系教育技术学专业的部分学生积极参与教师的科研工作。参与的学生主要有：余雪、刘艺莉、赵希鹏、龚珏、夏佩、涂冰虹、郑晓婵、雷卡妮、孔英俏、董辉、姚素、李通晶、李玉菊等。Flash Catalyst 在国内的推广应用并不多，资料较少，他们在资料查找、作品制作等方面做出了许多努力和贡献。

最后，在此感谢所有对我们承担的课题研究和本书的出版有过帮助、贡献的单位及个人。

史创明

2016 年 12 月